高职高专"十二五"规划教材

电子技能及项目训练

周南权　主编

鲍　建　全晓莉　蒋明播　副主编

U0285811

化学工业出版社

·北京·

内 容 提 要

本书是国家示范性高职院校建设项目化教材,也是精品课程配套教材。本书按照基于工作过程的项目化教学方式进行编写,每个项目是以工作过程为导向,以工作任务为引领,按照电子产品生产流程所需的电子技术基本技能进行安排。本书共 6 个项目,主要内容包括生产现场管理与安全教育、常用电子工具及仪器仪表使用、常用电子元器件识别与检测、电子产品装接、电子产品技术文件编写及小型电子产品的制作,包含了电子产品生产流程中的全部工艺规程和操作技能。

本书可作为高职高专电子信息类及相关专业的教材,也可作为其他职业学校或电类职业工种考核培训教材,还可作为电子工程技术人员的参考书和电子爱好者的自学读物。

图书在版编目(CIP)数据

电子技能及项目训练/周南权主编. —北京:化学工业出版社,2013.1(2024.3 重印)

高职高专"十二五"规划教材

ISBN 978-7-122-15835-2

Ⅰ.①电… Ⅱ.①周… Ⅲ.①电子技术-高等职业教育-教材 Ⅳ.①TN

中国版本图书馆 CIP 数据核字(2012)第 267317 号

责任编辑:王听讲   文字编辑:吴开亮
责任校对:王素芹   装帧设计:韩 飞

出版发行:化学工业出版社(北京市东城区青年湖南街 13 号 邮政编码 100011)
印 装:北京科印技术咨询服务有限公司数码印刷分部
787mm×1092mm 1/16 印张 11 字数 260 千字 2024 年 3 月北京第 1 版第 9 次印刷

购书咨询:010-64518888   售后服务:010-64518899
网 址:http://www.cip.com.cn
凡购买本书,如有缺损质量问题,本社销售中心负责调换。

定 价:32.00 元

前　言

电子信息技术是当今世界经济社会发展的重要驱动力，电子信息产业是国民经济四大支柱产业之一。随着电子信息技术的快速发展，需要大量熟练掌握电子技能、熟悉现代化电子产品生产全过程的技能型专门人才。

本书从电子行业一线对技能型人才的需求出发，树立以就业为导向，以提升全面素质为基础，以能力为本位的教育理念，突出"科学性"和"实训性"，从多个方面打破了传统风格，以"必需"、"够用"为度进行编写。

全书图文并茂地介绍了生产现场管理与安全教育、常用电子工具及仪器仪表使用、常用电子元器件的识别与检测、电子产品装接、电子产品技术文件编写及小型电子产品的制作。

本书与同类教材相比具有如下特色。

1. 教材以最新的国家标准为基础

以国家最新职业标准为依据，立足岗位群基本技能训练，突出工艺要领和操作技能的培养。在表达方式上紧密结合现行标准，忠实于标准的条文内容，也在课程设计过程中严格遵照执行。

2. 内容设置与职业资格认证紧密结合

将教材的技能知识与国家劳动和社会保障部颁发的职业资格等级证书相结合，加强学历证书与职业资格认证之间的沟通，将知识与技能有机融于一体，真正体现教材内容与职业标准对接。

3. 教材中的实训案例均来源于实际操作项目

本教材中的实训案例和图片，均取自于实际工作中的项目，根据教学需要通过适当的制作流程将各技能知识点串联起来，训练学生对小型电子产品制作的认知和操作，体现了以能力为本位的教材建设体系。

4. 教材内容采用项目化结构

注重实训技能，有效提高学生的职业技能，便于实施"理实一体化"教学模式，教材采用项目化结构，每一个项目都是一个技能训练单元，技能知识点紧贴电子企业实际生产情况，并融入生产一线优秀员工的工作体验，将任务的完成过程和企业的生产过程对接。

本书建议安排学时为40～60学时，也可根据自身的实际条件灵活地选择内容。

本书由周南权担任主编，鲍建、全晓莉、蒋明播担任副主编。项目1由全晓莉编写，项目2和项目3由鲍建编写，项目4由蒋明播编写，项目5和项目6由周南权编写，陈登林、张冬梅也参与了本书的部分编写工作。周南权负责全书审核及统稿。

由于现代电子工艺技术发展极为迅速，加上编者水平有限、时间仓促，书中难免会有一些不当之处，恳请读者批评指正。

编　者
2012 年 12 月

目　录

项目 1　生产现场管理与安全教育

【项目描述】

　　安全就是生命，安全就是效益，安全就是稳定，安全是一切工作的基础，也是一切工作的重中之重。做好生产现场管理，可以保证产品的生产质量，分析各类电气事故。了解事故发生的原因、特点、规律和防护措施是安全教育中非常重要的任务，也是安全生产的必要前提条件。

【学习目标】

　　(1) 会应用 6S 进行现场管理。

　　(2) 让大家提高安全用电意识，知道如何安全用电，如何进行触电急救。

　　(3) 能联系实际进行防静电措施。

【学习任务】

　　(1) 生产现场管理及 6S 活动系列要求。

　　(2) 生产安全中防火防触电及防静电。

任务 1.1　生产现场管理要求

　　生产现场管理是指在生产现场中有关人员应遵守的工艺秩序，对生产环境或生产现场（整洁、噪声、照明、温湿度、振动、布局等）进行管理，以保证产品的生产质量。

1.1.1　工艺纪律

　　工艺纪律是指在产品生产过程中，有关人员应遵守的工艺秩序，其核心是遵守以颁布的工艺管理制度，严格按照经过审批的设计文件、工艺文件、质量控制文件以及有关技术标准进行产品的研制和生产。

　　① 凡是经过工艺审查和会签的产品设计文件，如有更改，必须再度审查和会签，以便工艺系统及时更改相应的工艺文件。

　　② 工艺文件的编制、会签、签署和更改等，必须由工艺师系统完成，并做到完整、正确、统一、协调、清晰、及时。

　　③ 主管生产的领导和研制、生产过程中的管理人员（如车间主任、调度员等）必须按照工艺路线、工艺规程中包含的设计图样及其技术要求组织生产；任何人无权更改设计、工艺文件和无章指挥操作。

　　④ 操作人员（含工人和调试人员等）要认真做好生产前的准备工作，在加工过程中，必须依据工艺规程和工艺细则进行操作，发现问题及时反馈，无工艺规程，操作者有权拒绝操作，并做到文明生产。

　　⑤ 检验人员除按照产品图样及其技术要求、工艺规程、检验规程（要求）进行检查验证外，还必须监督有关人员遵守工艺规程和工艺细则。

　　⑥ 产品（主要零、部件）的周转、例试、包装和储运等，必须按照相应的工艺文件细

则和操作要求进行。

⑦ 所有的技术革新、合理化建议和工艺研究成果等都必须通过验证，并有评审结论，纳入工艺规程后才能正式用于电子产品的生产。

⑧ 严格遵守并贯彻执行工艺工作程序和各项管理制度，对工艺纪律执行情况进行定期检查、考评和教育。

⑨ 工艺纪律的查评工作，在总工程师（工厂）和主管技术工作的副所长（研究所）的领导下，由总质量师或总工艺师具体组织实施。

1.1.2　6S 管理活动

1）6S 管理的一般要求

6S 管理应着重于现场（即发生问题的场所）、现物（即发生问题的对象）、现实（即发生问题的现象），以提升员工素质和企业形象为始终，立足于通过改变现实、整理现物、规范现场来创造一个整洁、高效的工作环境，使员工养成认真对待每一件事的良好习惯，从而塑造整洁有序、奋发向上的企业形象，形成追求完美的企业精神。6S 管理的总体要求是：定置、通畅、整齐、透亮、协调、清洁、绿化、美观、文明、安全。

2）6S 管理的各项要求

6S 管理的含义包括如下的 6 项内容。

（1）整理（Seiri）

将工作场所的任何物品区明确划分需要的和不需要的物品，在现场保留需要的，清除不必要的物品。这样做的目的是腾出空间，空间活用，防止误用，塑造清爽的工作场所。简言之：要与不要，一留一弃。具体做法：全面检查整理工作场所，不留死角；制定必需品和非必需品的判别准则；制定非必需品的处理程序和方法；按要求彻底清除非必需品；每日自我检查。

（2）整顿（Seiton）

对所需物品有条理地定置摆放，以便于取放。也就是说把留下来的必要用的物品依规定位置摆放，并放置整齐加以标识。这样做的目的是工作场所一目了然，消除寻找物品的时间，使工作环境整整齐齐，消除过多的积压物品。简言之：科学布局，取用快捷。具体做法：工作场地彻底地进行清理；规划现场布局，明确摆放物品的场所、方法、标识；摆放方法做到定点、定类、定量；分区划线，定位标识，实施"目视管理"，即利用形象直观、色彩适宜的各种视觉感知信息来"一目了然"地揭示生产活动与管理状况。

（3）清洁（Seiso）

经常整理、整顿和清扫，始终使现场保持整洁状态，包括个人卫生和周围环境卫生。将整理、整顿、清扫进行到底，并且制度化，经常保持环境外在美观的状态。这样做的目的是创造明朗现场，维持 3S 成果。简言之：形成制度，贯彻到底。具体做法：划分室内、室外清扫责任区，责任落实到人；制定各区域清洁的点检表，并规定点检的时间、频次要求；清理脏污，执行例行扫除；清扫、点检、维护保养机器设备；查明污染源，从根本上解决问题，防止污染再发生。

（4）规范（Seiketsu）

将整理、整顿、清洁 3 个步骤的实施方法制度化，通过制度来维持成果。具体做法：制定相关制度和标准，持续进行整理、整顿、清洁活动；制定考核评比办法和奖惩制度，加强现场指导检查。

（5）素养（Shitsuke）

自觉执行规定和规则，养成良好的习惯。每位成员养成良好的习惯，并遵守规则做事，培养积极主动的精神（也称习惯性）。这样做的目的是培养有好习惯、遵守规则的员工，营造团队精神。简言之：养成习惯，以人为本。具体做法：制定相关的职业规范与制度；制定公务活动的礼仪守则；制定培养素养的教育培训计划并实施；开展提升素养的各种活动（如晨会制度、礼仪活动、升旗仪式、6S 管理优秀典型讲评、6S 管理征文、评选优秀员工等活动）；持续推动整理、整顿、清洁、规范，直至习惯化。

（6）安全（Security）

确实落实工作现场的各项安全措施，确保生产安全，杜绝技安事故。重视成员安全教育，每时每刻都有安全第一观念，防患于未然。这样做的目的是建立起安全生产的环境，所有的工作应建立在安全的前提下。简言之：安全操作，生命第一。具体做法：建立健全安全管理制度，制订应急预案；落实和加强员工的安全培训教育；实行现场巡视，及时排除隐患；创建有序、安全的工作环境。

因前 5 个内容的日文罗马标注发音和后一项内容（安全）的英文单词都以"S"开头，所以简称 6S 现场管理。

任务 1.2　生产安全

质量、安全是企业的生命、效益，学习和遵守企业生产管理各项规章制度，对操作者自身安全和产品质量都至关重要，应认真学习和遵守。

1.2.1　安全用电常识

电在造福人类的同时，也会给人类带来灾难。统计资料表明：在工伤事故中，电气事故占有不小的比例。以建筑施工死亡人数为例，2005 年全国建筑施工触电死亡人数占其全部事故死亡人数的 6.54%。我国约每用 1.5 亿度电就触电死亡 1 人，而美、日等国约每用 20 亿～40 亿度电仅触电死亡 1 人。从事任何工种的工作都需要把安全放在第一位，从事电子技能相关工作的工作人员更是如此。

1）认识电流对人体的伤害

（1）什么是触电

触电是人体直接或间接接触到带电体，电流通过人体造成的，分电击与电伤两种。

（2）触电对人体的伤害形式

电击——电流流过人体时反映在人体内部造成器官的伤害，而在人体外表不一定留下电流痕迹。表现为：刺麻、酸疼、打击感并伴随肌肉萎缩，严重时有心律不齐、昏迷、心跳停止等。

电伤——电流流过人体时使人的皮肤受到灼伤、烤伤和皮肤金属化的伤害，严重的可致人死亡。表现为：电灼伤、电烙印、皮肤金属化等。

2）认识人体触电的方式

触电方式很多，一般可分为以下两种。

直接接触触电：触及正常状态下带电的带电体而导致的触电。

间接接触触电：触及正常状态下不带电而在故障下意外带电的带电体而导致的触电。

（1）直接接触触电的形式

直接接触触电的形式有单相触电、两相触电、电弧伤害。电弧是气体间隔被强电场击穿时电流通过气体的一种现象。被电弧"烧伤"的人，将同时遭受电击和电伤，所以视为直接接触触电。见图1-1～图1-3。

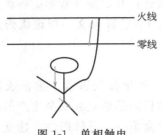

图1-1　单相触电

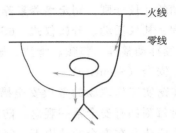

图1-2　两相触电

图1-3　电弧伤害

（2）间接接触触电的形式

间接接触触电的形式见图1-4、图1-5。

3）采取防止触电的技术措施

（1）绝缘

为防止人体触及，用绝缘物把带电体封闭起来。瓷、玻璃、云母、橡胶、木材、胶木、塑料、布、纸和矿物油等都是常用的绝缘材料。要经常检查用电器绝缘部分是否已破损，如图1-6所示。

（2）屏护

即采用遮拦、护照、护盖等把带电体同外界隔绝开。高压设备不论是否有绝缘，均应采取遮拦，如图1-7所示。

图 1-4　单相触电

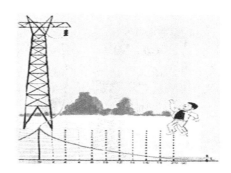

图 1-5　跨步电压触电

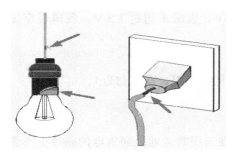

图 1-6　检查绝缘部分是否已破损

图 1-7　采用遮拦

（3）间距

就是保证必要的安全距离。在低压工作中，最小检修距离不应小于 0.1m。

（4）接地和接零

接地——电气装置或其他装置正常时不带电的金属外壳与大地的连接叫接地，如图 1-8 所示。

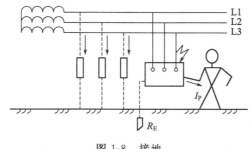

图 1-8　接地

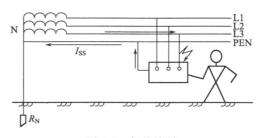

图 1-9　保护接零

保护接零——就是把电气设备在正常情况下不带电的金属外壳与电网的零线紧密地连接起来。应该注意，零线回路中不允许装设熔断器和开关，如图 1-9 所示（TN-C 系统）。

（5）装设漏电保护装置

为了保证在故障情况下人身和设备的安全，应尽量装设漏电保护装置，见图 1-10。它可以在设备及线路漏电时自动切断电源，起到保护作用。

（6）采用安全电压

凡手提照明灯、高度不足 2.5m 的一般照明灯，如果没有特殊安全结构或安全措施，应

图 1-10　装设漏电保护装置

采用 36V 安全电压。安全电压的工频有效值不超过 50V，直流不超过 120V。我国规定工频有效值的等级为 42V、36V、24V、12V 和 6V。

（7）避免触电常识

① 不要接触低压带电体，不要靠近高压带电体（低压勿摸，高压勿近）。

② 不要靠近有标志牌的地方，见图 1-11。

③ 雷雨天，要避开空旷地带的大树。

雷电是自然界中发生的放电现象，发生雷电时，在云层和大地之间雷电的路径上有强大的电流通过，会给人们带来危害，见图 1-12。

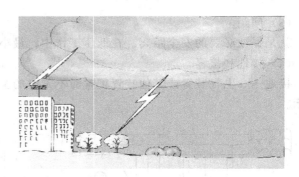

图 1-11　高压危险标志牌　　　　　　　　图 1-12　雷电时的危险

4）电工操作规程

① 电工必须经过专门培训，考核合格凭证上岗，严禁无证操作。

② 工作前必须检查工具、测量仪表和防护用品是否完好。

③ 电器设备不准在运行中拆卸修理，必须在停车后切断电源，取下熔断器，挂上"有人工作，禁止合闸"的警示牌。

④ 动力配电箱的闸刀开关严禁带负荷拉开。

⑤ 要在有经验的电工监护下，并将临近各相用绝缘垫、云母板、绝缘板隔开方可带电工作。带电工作必须穿好防护用品，使用有绝缘柄的工具工作，严禁使用锉刀钢尺等。

⑥ 电器设备的金属外壳必须接地、接零。接地要符合标准，有电设备不可断开外壳地线。

⑦ 电器或线路拆除后可能来电的线头必须及时用绝缘布包扎好，高压电器拆除后遗留

线头必须短路接地。

⑧ 高空作业要系好安全带、戴好安全帽，使用梯子时梯子与地面角度以 60°为宜，在水泥地上使用梯子要有防滑措施。

⑨ 使用电动工具要戴绝缘手套、站在绝缘物上工作。

⑩ 电机电器检修完工后要仔细检查是否有错误和遗忘的地方，必须清点工具、零件以防遗留在设备内造成事故。

⑪ 动力配电盘、配电箱、开关、变压器等各种电器设备周围不准堆放易燃、易爆、潮湿和其他影响操作的物件。

⑫ 电气设备发生火灾未切断电源时，严禁用水灭火，要用四氯化碳或二氧化碳灭火器灭火。

⑬ 不准酒后上班，更不可班中饮酒。

⑭ 检修电气设备时，必须参照有关技术规程，如不了解该设备规范、注意事项，不允许私自操作。

⑮ 严禁在电线上搭晒衣服和各种物品。

⑯ 严禁带电移动高于人体安全电压的设备。

⑰ 每个电工必须熟练掌握触电急救方法，有人触电应立即切断电源，按触电急救方案实施抢救。

⑱ 在巡视检查时如发现有故障或隐患，应立即通知上级，然后采取全部停电或部分停电及其他临时性安全措施进行处理，避免事故扩大。

⑲ 电流互感器禁止二次侧开路，电压互感器禁止二次侧短路和以升压方式运行。

⑳ 在有电容器设备停电工作时，必须放出电容余电后，方可进行工作。

㉑ 电气操作顺序：停电时应先断空气断路器，后断开隔离开关，送电时与上述操作顺序相反。

㉒ 万用表用完后，打到电压最高挡再关闭电源，养成习惯，预防烧万用表。

㉓ 电气设备烧毁时，需检查原因后再更换，防止再次发生事故。

㉔ 配电室除电气人员，其他人严禁入内，配电室值班人员有权责令其他人离开现场，以防止发生事故。

1.2.2　电气火灾消防

1）电气火灾发生的原因

在火灾事故中，电气火灾所占比例较大，几乎所有的电气故障都可能导致电气火灾，特别是在易燃易爆场所。另外，一些设备本身可能会产生易燃、易爆物质。如设备的绝缘油在电弧作用下分解和汽化，喷出大量的油雾和可燃气体；酸性电池排出氢气并形成爆炸性混合物等。一旦这些易燃易爆环境遇到较高的温度和微小的电火花即有可能引起着火或爆炸。此外，漏电、照明及电热设备、开关的动作、熔断器的烧断、接触不良以及雷击、静电等，都可能引起高温、高热或者产生电弧、放电火花，从而导致火灾或爆炸事故。

2）电气火灾预防

如何有效防止电气火灾事故的发生呢？

首先，应当正确地选择、安装、使用和维护电气设备及电气线路，并按规定正确采用各种保护措施。所有电气设备均应与易燃易爆物质保持足够的安全距离，明火设备及工作中可能产生高温、高热的设备,如喷灯、电热设备、照明设备等,使用后应立即关闭。

其次,对于火灾及爆炸危险场所,即含有易燃易爆物质、导电粉尘等容易引起火灾或爆炸的场所,应按要求使用防爆或隔爆型电气设备,禁止在易燃易爆场所使用非防爆型的电气设备,特别是携带式或移动式设备。对可能产生电弧或电火花的地方,必须设法隔离或杜绝电弧及电火花的产生。外壳表面温度较高的电气设备应尽量远离易燃易爆物质,易燃易爆物质附近不得使用电热器具。爆炸危险场所的电气线路应符合防火防爆要求,保证足够的导线截面积和接头的紧密接触,采用钢管敷设并采取密封措施,严禁采用明敷方式。爆炸危险场所的接地(或接零)应高于一般场所的要求,接地(零)线不得使用铝线,所有接地(零)应连接成连续的整体,以保证电流的连续不中断,接地(零)连接点必须可靠并尽量远离危险场所。火灾及爆炸危险场所必须具有更加完善的防雷和防静电措施。

此外,火灾及爆炸危险场所及与之相邻的场所,应用非可燃材料或耐火材料构筑。在爆炸危险场所,一般不应进行测量工作,也应避免带电作业,更换灯泡等工作也应在停电之后进行,同时还必须对静电的危害采取有效的防护措施。

3)电气消防常识

当发生电气设备火警时,或邻近电气设备附近发生火警时,应立即拨打119火警电话报警(重庆地区110、119、122合一)。扑救电气火灾时应注意触电危险,首先应立即切断电源,通知电力部门派专人到现场指导和监护扑救工作,运用正确的灭火知识,采取正确的方法灭火。夜间断电救火应有临时照明措施。切断电源时应有选择性,尽量局部断电,同时应该注意安全,防止触电,不得带负荷拉刀开关或隔离开关。火灾发生后,由于受潮或烟熏,使开关设备的绝缘能力降低,所以拉闸时最好使用绝缘工具。剪断导线时应使用带绝缘手柄的工具,并注意防止断落导线伤人;非同相线应在不同部位剪断,以防造成短路;剪断空中电线时,剪断位置应选择在靠电源方向的支持物附近。带电灭火时,灭火人员应占据合理的位置,与带电部位保持安全距离。在救火过程中应同时注意防止发生触电事故或其他事故。水枪带电灭火时,宜采用泄漏电流小的喷雾水枪,并将水枪喷嘴接地,灭火人员应戴绝缘套、穿绝缘靴或穿均压服操作;喷嘴至带电体的距离规定为110kV及以下时不应小于3m,220kV以上时不应小于5m;使用不导电性的灭火剂灭火时,灭火器机体、喷嘴至带电体距离规定为10kV时不小于0.4m,35kV时不小于0.6m。

设备中如果充油,在救火时应该考虑油的安全排放,设法将油火隔离;电机着火时,应防止轴和轴承由于冷热不均而变形,并不得使用干粉、砂子、泥土灭火,以防损伤设备的绝缘。

4)灭火器的正确使用

(1)干粉灭火器

主要适用于扑救石油及其衍生产品、油漆、可燃气体和电气设备初起火灾,但不可用于电机着火时的扑救。

使用时,先打开保险销,把喷口对准火源,另一手紧握导杆提把,将顶针压下,干粉即可喷出。

日常维护需要每年检查一次干粉是否结块,每半年检查一次压力。发现结块应立即更换,压力小于规定值时应及时充气、检修。

干粉灭火器的基本结构如图1-13所示。

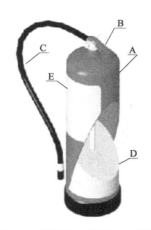

图 1-13　干粉灭火器的基本结构

A—罐或筒；B—阀门；C—喉管（3kg 以下的只有喷嘴）；D—灭火剂；E—标签

（2）二氧化碳灭火器

主要适用于扑救额定电压低于 600V 的电气设备、仪器仪表、档案资料、油脂及酸类物质的初起火灾，但不适用于扑灭金属钾、钠、镁、铝的燃烧。

使用时，一手拿喷筒，喷口对准火源，一手握紧启阀阀门，气体即可喷出。二氧化碳导电性差，电压超过 600V 时必须先停电后灭火，二氧化碳怕高温，存放点温度不得超过 42℃。使用时不要用手摸金属导管，也不要把喷筒对着人，以防冻伤。喷射时应朝顺风方向进行。

日常维护需要每月检查一次，当重量低于原重 1/10 时应充气，压力小于规定值时应及时充气、检修。二氧化碳灭火器的基本结构如图 1-14 所示。

（3）1211 灭火器

适用于扑救电气设备、仪表、电子仪器、油类、化工化纤原料、精密机械设备、文物、图书、档案等的初起火灾。

使用时拔掉保险销，握紧把开关，由压杆使密封阀开启，在氮气压力作用下，灭火剂喷出，松开压把开关喷射即停止。

日常维护需要每年检查一次重量。1211 灭火器如图 1-15 所示。

（4）泡沫灭火器

适用于扑救油脂类、石油类产品及一般固体物质的初起火灾，但绝不可用于带电体的灭火。

使用时将筒身颠倒过来，碳酸氢钠与硫酸两溶液混合后发生化学作用，产生二氧化碳气体将泡沫由喷嘴喷出。注意不要将筒盖、筒底对着人体，以防万一爆炸伤人。泡沫灭火器只能立着放置。

日常维护需要每年检查一次泡沫发生倍数，若低于 4 倍时应更换药剂。泡沫灭火器的基本结构如图 1-16 所示。

1.2.3　静电预防与处理

静电的产生比较复杂。大量的静电荷积聚，能够形成很高的电位，有时可高达数万伏；静电能量不大，发生人身静电电击时，触电电流往往瞬间被释放，一般不会有生命危险。静

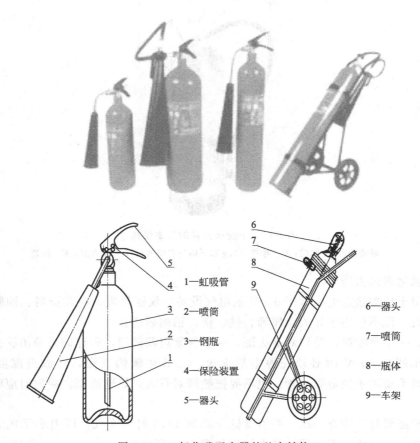

图 1-14　二氧化碳灭火器的基本结构

1—虹吸管

2—喷筒

3—钢瓶

4—保险装置

5—器头

6—器头

7—喷筒

8—瓶体

9—车架

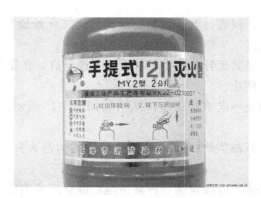

图 1-15　1211 灭火器

电最严重的危害就是可能引起火灾和爆炸事故，特别是在易燃易爆场所，很小的静电火花即可能带来严重的后果。因此，必须对静电的危害采取有效的防护措施。对于可能引起事故危险的静电带电体，最有效的措施就是通过接地将静电荷及时泄放，从而消除静电的危害。通常防静电接地电阻不大于 100Ω。对带静电的绝缘体应采取用金属丝缠绕、屏蔽接地的方法；还可以采用静电中和器。对容易产生尖端放电的部位，应采取静电屏蔽措施。对电容器、长距离线路及电力电缆等，在进行检修或试验工作前应先放电。在电子产品生产中要注意一些

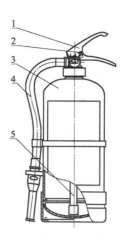

图 1-16　泡沫灭火器的基本结构

1—器头；2—保险装置；3—筒体；4—虹吸管；5—喷筒

如表 1-1 所示的警示标记。

表 1-1　电子产品生产中部分警示标记

标　记	说　明
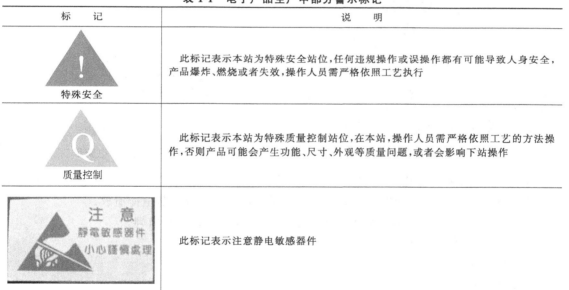　特殊安全	此标记表示本站为特殊安全站位,任何违规操作或误操作都有可能导致人身安全,产品爆炸、燃烧或者失效,操作人员需严格依照工艺执行
质量控制	此标记表示本站为特殊质量控制站位,在本站,操作人员需严格依照工艺的方法操作,否则产品可能会产生功能、尺寸、外观等质量问题,或者会影响下站操作
注意　静电敏感器件　小心轻慎处理	此标记表示注意静电敏感器件

1) 防静电工艺常识

① 静电敏感器件（以下用英文缩写 SSD）存储过程中应保持原包装。

② 放置 SSD 的货架及放置 SSD 的容器上要贴有防静电专用标，见图 1-17。

③ 仓库人员在接触散装的 SSD 时，应注意要手持 SSD 的两端，尽量不要直接接触其引出脚。更换 SSD 时应换一块取一块，不要堆在台面上

④ 手工操作者在装插和整形 SSD 时必须使用防静电元件盒放置，并将防静电元件盒可靠接地，见图 1-18。如从原包装中取出时，必须一块一块地拿出来，严禁全部倒出堆放于元件盒子中。

图 1-17　贴有防静电专用标

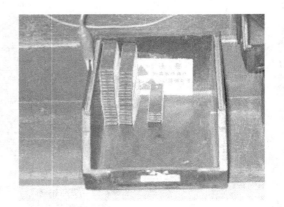

图 1-18　防静电元件盒可靠接地

⑤ 接触静电敏感器件的操作者，应做好静电防护措施。

⑥ PCB 的插装、焊接操作者所用烙铁应可靠接地，见图 1-19。

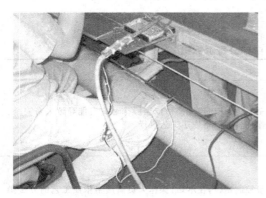

图 1-19　烙铁可靠接地

图 1-20　佩戴防静电腕带

⑦ 接触已插装上静电敏感器件 PCB 板的操作者应按要求正确佩戴防静电腕带，见图 1-20。佩戴腕带应与手腕肌肤充分接触，松紧要适度，以保证静电荷泄放。

⑧ 操作人员在装插过程中对 SSD 应持其外壳，避免直接接触引脚。

⑨ 电敏感器件清单如下。

a. MOS 场效应管。

b. 集成电路。

c. 遥控接收头。

⑩ 防静电腕带佩戴要求如下。

a. 生产线固定工位必须佩戴有绳防静电腕带，要求接地可靠，如图 1-20 所示。

b. 生产线需走动工位的管理人员应佩戴无绳防静电腕带或防静电手套，方可接触器件。

⑪ 员工必须佩戴防静电腕带，并且统一戴在手上。

⑫ 防静电腕带佩戴系统测试（佩戴者操作，使用 SIMCO 腕带式静电环测试仪），见图 1-21。

a. 操作者将防静电腕带正确戴好在手腕上，将接地线夹在测量仪的接线柱上，并用另一只手轻压"PUSH ON"键。

图 1-21 使用 SIMCO 腕带式静电环测试仪

b. 约一秒钟后，将会有一只 LED 灯显示所带防静电腕带的状态。

c. 绿灯亮说明防静电腕带佩戴合格，即系统正常。

d. HI 灯亮说明电阻偏大，可能防静电腕带佩戴接触不良或防静电腕带内部已断，说明不合格（系统测试值可能大于 9MΩ）。请检查佩戴方式并重新测试，如佩戴良好测试仍不合格，可能防静电腕带已坏，应解下腕带用万用表检测腕带本身的好坏。

e. LED 红灯亮，说明电阻偏小，即防静电腕带失效，为不合格（系统测试值可能小于 840kΩ）。

f. 手离开"PUSH ON"键，防静电腕带测试完毕，操作者同时在相应测试表上做好记录。

⑬ 防静电腕带本身好坏的检测（技术人员操作，使用数字式万用表或指针式万用表）。

a. 用上述方法测试不合格的防静电腕带，再使用万用表对腕带本身进行检验。

b. 万用表拨到"Ω"挡，用两表笔分别接触防静电腕带的两端（将静电腕带从橡皮套上解下，测其裸露的金属两端）。

c. 如所测数值在 840kΩ～10MΩ 之间，则防静电腕带为合格。

d. 如所测数值在 840kΩ～10MΩ 之外，则防静电腕带判为不合格。

2）正确的防静电操作规则

① 操作 ESD 元件时必须始终佩戴良好接地的手带，手带须与人的皮肤相触。

② 必须用保护罩运送和储存静电敏感元件。

③ 清点元器件时尽可能不将其从保护套中取出来。

④ 只有在无静电工作台上才可以将元件从保护套中取出来。

⑤ 在无防静电设备时，不准将静电敏感元件用手传递。

⑥ 避免衣服和其他纺织品与元件接触。

⑦ 最好是穿棉布衣服和混棉料的短袖衣。

⑧ 将元件装入或拿出保护套时，保护套要与抗静电面接触。

⑨ 保护工作台或无保护的器件远离所有绝缘材料。

⑩ 当工作完成后将元件放回保护套中。

⑪ 必须要用的文件图纸要放入防静电套中，因为纸会产生静电。

⑫ 不可让没带腕带者触摸元件，对参观者要留意这点。

⑬ 不可在有静电敏感的地方更换衣服。

⑭ 取元件时只可拿元件的主体。

⑮ 不可将元件在任何表面滑动。

⑯ 每日测试手带。

3）防静电工具、器材

各种防静电工具及器材见表 1-2 所示。

表 1-2　防静电工具及器材

名　称	实　物	名　称	实　物
防静电电烙铁		防静电屏蔽袋	
防静电插头		防静电地垫	
防静电镊子		防静电纸	
防静电电刷		防静电手套	
防静电腕带		防静电脚套	
防静电电焊台		防静电指套	
防静电工作台		防静电拖鞋	
防静电元件盒		防静电工作服	

1.2.4　触电急救

1) 触电急救常识

众多的触电抢救实例表明，触电急救对于减少触电伤亡，是行之有效的。人触电后，往往会失去知觉或者形成假死，能否救治的关键在于及时采取正确的救护方法。

① 尽快使触电者脱离电源。如在事故现场，应迅速拉下开关或拔出插头，以切断电源；如距离事故现场较远，应立即通知相关部门停电，同时使用带有绝缘手柄的钢丝钳等切断电源，或者使用干燥的木棒、竹竿等绝缘物将电源移掉，从而使触电者迅速脱离电源。如果触电者身处高处，应考虑到其脱离电源后有坠落、摔跌的可能，所以应同时做好防止摔伤的安全措施。如果事故发生在夜间，应准备好临时照明工具。

② 当触电者脱离电源后，应将触电者移至通风干燥的地方，通知医务人员前来救护的同时，在现场就地检查和抢救。首先使触电者仰天平卧，松开衣服和裤带，检查瞳孔是否放大、呼吸和心跳是否存在，再根据触电者的具体情况而采取相应的急救措施。

2) 急救方法

（1）口对口人工呼吸法

对失去知觉的触电者，若呼吸不齐、微弱或呼吸停止而有心跳的，应采用"口对口人工呼吸法"进行抢救。先使触电者头偏向一侧，清除口中的血块、痰液或口沫，取出口中义齿等杂物，使其呼吸道畅通。急救者深深吸气，捏紧触电者的鼻子，大口地向触电者口中吹气，然后放松鼻子，使之自身呼气，每 5s 一次，重复进行，在触电者苏醒之前，不可间断。操作方法如图 1-22 所示。

图 1-22　口对口人工呼吸法

（2）胸外心脏挤压法

对有呼吸而心脏跳动微弱、不规则或心跳已停的触电者，应采用"胸外心脏挤压法"进行抢救。先使触电者头部后仰，急救者跪跨在触电者臀部位置，右手掌放置在触电者的胸

图 1-23　胸外心脏挤压法

上，左手掌压在右手掌上，向下挤压 3～4cm 后，突然放松。挤压和放松动作要有节奏，每秒钟 1 次（儿童 2s 3 次）。挤压位置应准确，用力适当，用力过猛会造成触电者内伤，用力过小则无效，对儿童进行抢救时，应适当减小挤压力度，在触电者苏醒之前不可中断。操作方法如图 1-23 所示。

技能练习

1. 进实训室时，有哪些规章制度？

2. 6S 现场管理的内容是什么？

3. 当教师列举触电事故或各种人身、设备违规现象及用电隐患现象时，请正确判断触电类型并指出违规现象。

4. 防止静电有哪些有效措施？

项目 2　常用电子工具及仪器仪表使用

【项目描述】

　　常用电子工具及仪器仪表的熟练使用是电子从业人员最基本的技能。无论是在电装生产线还是在调试、维修以及售后服务岗位的人员，都必须能够正确使用相关电子工具及仪器仪表。通过本项目的学习，熟悉各种常用电子工具以及各种测量仪器仪表的使用。

【学习目标】

　　能够正确使用各种常用电子工具及各种测量仪器仪表。

【学习任务】

　　（1）常用电子工具的使用。

　　（2）电烙铁的使用。

　　（3）测量工具（万用表、示波器）的使用。

任务 2.1　常用电子工具的使用

2.1.1　通用电子工具的使用

　　在进行电路的制作调试过程中，需要使用大量的工具来辅助，如镊子、尖嘴钳、螺丝刀等，下面为大家一一介绍其使用方法。

1）斜口钳

　　如图 2-1 所示斜口钳，主要用于剪切导线和元器件多余的引线，还常用来代替一般剪刀剪切绝缘套管、尼龙扎线卡等。

　　使用时应注意以下几点。

　　① 使用斜口钳剪线时应将口凹槽朝外，防止断线碰伤眼睛。

　　② 不可以用来剪较粗的电线。

　　③ 不可敲击，撬铁钉，夹钢丝、螺丝等硬质物品，以防止变形。

图 2-1　斜口钳　　　　　　　　　　　　　　图 2-2　尖嘴钳

2）尖嘴钳

　　如图 2-2 所示尖嘴钳，主要用来夹持器件、导线及进行器件引脚弯折；内部有一剪口，用来剪断 1mm 以下细小的电线，配合斜口钳做拨线用。

使用时应注意以下几点。

① 注意不可以当做扳手，否则会损坏钳子。

② 不可用做敲打工具。

③ 在焊接的时候夹持原件可以防止元件因过热而损伤。

3）平头钳

如图 2-3 所示平头钳，主要用来剪断较粗的导线或金属线，配合尖嘴钳做拨线用，用来弯折、弯曲导线或一般的金属线，或用来夹持较重的物体。

使用时应注意以下几点。

① 不可拿它当扳手使用。

② 不可用作敲打工具。

图 2-3　平头钳　　　　　　　　　　　　　　　　图 2-4　镊子

4）镊子

如图 2-4 所示镊子，常用来夹持小的元器件，辅助焊接，弯曲电阻、电容、导线。使用时要注意不要误伤他人。

5）螺丝刀

如图 2-5 所示螺丝刀，常用于松紧螺丝，按不同的头形可以分为一字、十字、米字、星形（电脑）、方头、六角头、Y 形头部等，其中一字和十字是人们生活中最常用的，如安装、维修都要用到。可以说只要有螺丝的地方就要用到螺丝刀。六角头用的不多，常用内六角扳手，如一些机器上好多螺丝都带内六角孔，方便多角度使力。星形中大的使用得不多，小的星形常用于拆修手机、硬盘、笔记本等。

6）芯片起拔器

如图 2-6 所示，集成电路芯片放入插座后不易取出，使用专用工具就简单多了。

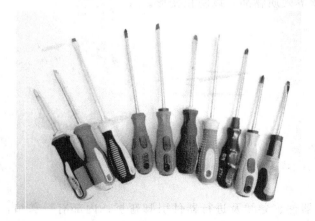 

图 2-5　螺丝刀　　　　　　　　　　　　　　图 2-6　芯片起拔器

7）剥线钳

如图 2-7 所示剥线钳，主要用于塑料、橡胶绝缘电线、电缆芯线的剥皮。其使用方法如下。

① 根据缆线的粗细型号，选择相应的剥线刀口。

② 将准备好的电缆放在剥线工具的刀刃中间，选择好要剥线的长度。

③ 握住剥线工具手柄，将电缆夹住，缓缓用力使电缆外表皮慢慢剥落。

④ 松开工具手柄，取出电缆线，这时电缆金属整齐露出外面，其余绝缘、塑料完好无损。

图 2-7　剥线钳

8）吸锡器

吸锡器（图 2-8）是一种修理电器用的工具，收集拆卸焊盘电子元件时融化的焊锡。有手动、电动两种。维修拆卸零件需要使用吸锡器，尤其是大规模集成电路，更为难拆，拆不好容易破坏印制电路板，造成不必要的损失。简单的吸锡器是手动式的，且大部分是塑料制品，它的头部由于常常接触高温，通常都采用耐高温塑料制成。吸锡器的使用方法如下。

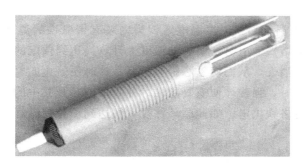

图 2-8　吸锡器

① 先把吸锡器活塞向下压至卡住。

② 用电烙铁加热焊点至焊料熔化。

③ 移开电烙铁的同时，迅速把吸锡器嘴贴上焊点，并按动吸锡器按钮。

④ 一次吸不干净，可重复操作多次。

2.1.2　电烙铁的使用

1）电烙铁的分类

电烙铁是电子制作和电器维修必备工具，主要用途是焊接和拆除元器件及导线。

（1）外热式电烙铁

外热式电烙铁（图2-9）如名字所讲，"外热"就是指"在外面发热"，因发热芯在电烙铁的外面而得名。它既适合于焊接大型的元器件，也适合于焊接小型的元器件。由于发热电阻丝在烙铁头的外面，有大部分的热散发到外部空间，所以加热效率低，加热速度较缓慢，一般要预热2～5min才能焊接。其体积较大，焊小型器件时显得不方便。但它有烙铁头使用的时间较长、功率较大的优点，有25W、30W、40W、50W、60W、75W、100W、150W、300W等多种规格。大功率的电烙铁通常是外热式的。

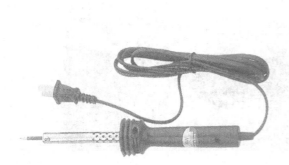

图2-9　外热式电烙铁

图2-10　内热式电烙铁

（2）内热式电烙铁

如图2-10所示的内热式电烙铁，体积较小，而且价格便宜。一般电子制作都用35W左右的内热式电烙铁。当然有一把50W的外热式电烙铁能够有备无患。内热式的电烙铁发热效率较高，而且更换烙铁头也较方便。其发热芯是装在烙铁头的内部，热损失小。市场上常见的功率有16W、20W、35W、50W这4种，其中35W是最常用的。

（3）恒温电烙铁

如图2-11所示的恒温电烙铁。恒温电烙铁头内装有带磁铁的温度控制器，控制通电时间而实现温控。即给电烙铁通电时，烙铁的温度上升，当达到预定的温度时，因强磁体传感器达到了居里点而磁性消失，从而使磁芯触点断开，这时便停止向电烙铁供电；当温度低于强磁体传感器的居里点时，强磁体便恢复磁性，并吸动磁芯开关中的永久磁铁，使控制开关的触点接通，继续向电烙铁供电。如此循环往复，便达到了控制温度的目的。

图2-11　恒温电烙铁

2）电烙铁的结构

电烙铁主要由以下几部分组成，如图 2-12 所示。

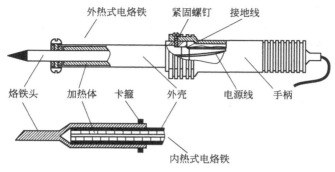

图 2-12　电烙铁的结构

① 发热元件：俗称烙铁芯。

② 烙铁头：作为热量存储和传递的烙铁头，一般用紫铜制成，如图 2-13 所示。

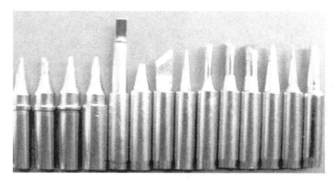

图 2-13　烙铁头

3）电烙铁的选用

电烙铁的种类及规格有很多种，而且被焊工件的大小又有所不同，因而合理地选用电烙铁的功率及种类，对提高焊接质量和效率有直接的关系。

① 焊接集成电路、晶体管及受热易损元器件时，应选用 20W 内热式或 25W 的外热式电烙铁。

② 焊接导线及同轴电缆时，应先用 45～75W 外热式电烙铁，或 50W 内热式电烙铁。

③ 焊接较大的元器件时，如行输出变压器的引线脚、大电解电容器的引线脚、金属底盘接地焊片等，应选用 100W 以上的电烙铁。

4）电烙铁的使用

新烙铁在使用前的处理：一把新烙铁不能拿来就用，必须先对烙铁头进行处理后才能正常使用，也就是说，在使用前，先给烙铁头镀上一层焊锡，不挂锡的烙铁头是不能用于焊接的。目前使用的长寿命烙铁头表面已经被深镀了一层铁镍合金，禁忌对其打磨和刮伤。如果有打磨和刮伤，烙铁头就会从刮伤处开始氧化锈蚀，从而失去挂锡能力。新烙铁处理的具体的方法是：接上电源，当烙铁头温度升至能熔锡时，涂上一层焊锡，如此进行二至三次，然后马上切断电源即可。

　　右手持电烙铁，左手用尖嘴钳或镊子夹持元件或导线。焊接前，电烙铁要充分预热。烙铁头刃面上要吃锡，即带上一定量的焊锡。将烙铁头刃面紧贴在焊点处。电烙铁与水平面大约成60℃角，以便于熔化的锡从烙铁头上流到焊点上。烙铁头在焊点处停留的时间控制在2～3s。抬开烙铁头，左手仍持元件不动，待焊点处的锡冷却凝固后，才可松开左手。用镊子转动引线，确认不松动，然后可用偏口钳剪去多余的引线。

2.1.3　其他电子工具的使用

　　1) 热风枪

　　如图2-14所示热风枪，主要是利用发热电阻丝的枪芯吹出的热风来对表面贴片元器件进行焊接与摘取的工具。

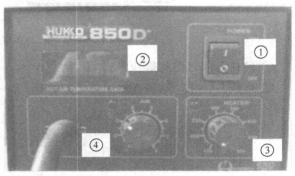

图2-14　热风枪　　　　　　　　　图2-15　热风枪前面板

　　(1) 前面板 (图2-15)

　　① 电源开关。

　　② 显示屏：显示温度。

　　③ 温度调节旋钮：用于调节热风枪的温度。

　　④ 风力调节旋钮：用于调节热风枪风力的大小。

　　(2) 使用方法

　　① 按下电源开关，将温度调到300℃，风力调至2。温度过低会造成元件虚焊，温度过高会损坏元件及线路板，而风量过大会吹跑小元件。

　　② 焊接时，用右手握紧风枪，并使风枪垂直对准元器件，高度在2～3cm。

　　③ 关机时，应当把温度调至最小，风力调至最大，然后按下电源开关。这时热风枪会自动降温，整个过程大概持续几十秒钟，完毕后会自动停机。在此过程中千万不能拔下插头，否则严重时会损毁热风枪。

　　(3) 使用注意事项

　　① 请勿将热风枪与化学类 (塑料类) 的刮刀一起使用。

　　② 请在使用后将喷嘴或刮刀的干油漆清除掉以免着火。

　　③ 请在通风良好的地方使用，因为从铅制品的油漆去除的残渣是有毒的。

　　④ 不要将热风枪当做头发的吹风机使用。

　　⑤ 不要直接将热风对着人或动物。

　　⑥ 当热风枪使用时或刚使用过后，不要去碰触喷嘴，热风枪的把手必须保持干燥，干净且远离油品或瓦斯。

⑦ 热风枪要完全冷却后才能存放。

2）逻辑笔

逻辑笔又称为逻辑探针，是目前在数字电路测试中使用最为广泛的一种工具。它虽然不能处理像逻辑分析仪所能做的复杂工作，但对检测数字电路中各点电平十分有效，因而使用逻辑笔可以很快地将 90% 以上的故障芯片找出来。

（1）逻辑笔的外观（图 2-16）

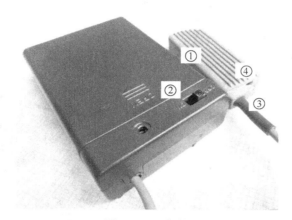

图 2-16　逻辑笔

① 逻辑笔。

② 电源开关。

③ LED 指示灯。

④ 蜂鸣器开关。

（2）逻辑表的功能

使用逻辑笔可以检测数字电路的 4 种逻辑状态。

① LED 指示灯发红光时，表示逻辑高电平。

② LED 指示灯发蓝光时，表示逻辑低电平。

③ LED 指示灯发绿光时，表示高阻态。

④ LED 指示灯闪烁时，则表示有脉冲信号存在。

除了通过观察指示灯判断逻辑状态外，还可以利用蜂鸣器进行判断，其原理如下。

① 蜂鸣器持续中音调时，表示逻辑高电平。

② 蜂鸣器持续低音调时，表示逻辑低电平。

③ 蜂鸣器无声时，表示高阻态。

④ 蜂鸣器断续音调时，则表示有脉冲信号存在。

（3）逻辑笔的使用方法

① 给逻辑笔装上 3 节 5 号电池。

② 打开电源开关。

③ 将逻辑笔的信号连接端子接被测电路，地线连接端子接被测电路的公共接地端。

虽然逻辑笔是可以用来寻找示波器不易发现的瞬间且频率较低的脉冲信号的理想工具，但其主要还是用于测试输出信号相对固定的高电位或低电位的逻辑门电路。

逻辑笔使用实例如图 2-17 所示。使用逻辑笔检修电路时，应从可能显示故障的电路中心部分开始检查逻辑电平的正确性。一般根据逻辑门电路的输入值测试其输出电平的合理性。采用这种方法通常不需要太多的时间就可将总停在某一固定逻辑状态的故障芯片找出。逻辑笔每次只能监测一条导线上的信号。

图 2-17　逻辑笔使用实例

任务 2.2　常用电子仪器仪表的使用

2.2.1　万用表的使用

万用表分为指针万用表和数字万用表，是一种多功能、多量程的测量仪表，一般万用表可测量直流电流、直流电压、交流电流、交流电压、电阻和音频电平等，有的还可以测交流电流、电容量、电感量及半导体的一些参数（如 β），但主要还是用来测量电压、电流、电阻三种基本电参数，所以也称为三用表、复用表。

1）指针万用表

指针万用表是一种多功能、多量程的测量仪表，应用广泛。

（1）认识指针万用表

这里以 MF-47 型万用表为例介绍其使用方法。

① 面板说明　如图 2-18 所示指针万用表面板中：

a. ①是表头；

b. ②是机械调零旋钮；

c. ③是欧姆调零旋钮；

d. ④是挡位选择开关；

e. ⑤是表笔插孔。

② 表盘标度尺简介（图 2-19）　图中所示的标度尺从上至下分别是：

图 2-18　指针万用表面板

图 2-19　指针万用表表盘标度尺

- 电阻标度尺，用 Ω 表示；
- 10V 交流电压标度尺，用 ACV 表示；
- 直流电压、交流电压及直流电流共用标度尺，用 $\underline{V}$，mA 表示；
- 晶体管共发射极直流电流放大系数标度尺，用 hFE 表示；
- 电容容量标度尺，用"C（μF）50Hz"表示；
- 电感量标度尺，用"L（H）50Hz"表示；
- 音频电平标度尺，用"dB"表示。

（2）指针万用表使用方法

MF-47 型万用表可以通过转动表盘下的挡位开关选择不同的挡位进行不同电参数的测量。

① 欧姆挡的使用

a. 机械调零。万用表在使用前应检查指针是否指在机械零位上，即指针在静止时是否指在电阻标度尺的"∞"刻度处。若不在，应用小螺丝刀左右调节机械调零旋钮，使指针的位置准确地指在"∞"刻度处。如图 2-20 所示。

图 2-20　指针万用表机械调零　　　　　　图 2-21　指针万用表欧姆调零

b. 欧姆调零。把红黑两表笔短接时，指针应达到满刻度偏转，指在电阻标度尺的"0"刻度处，若指针不能偏转到满刻度位置，则可以通过欧姆调零旋钮进行调节，如图 2-21 所示，使得指针指向电阻标度尺的"0"刻度处。

c. 量程选择开关。欧姆挡共分 5 挡，分别是×1 挡、×10 挡、×100 挡、×1k 挡、×10k 挡，如图 2-22 所示。

图 2-22　指针万用表量程选择开关　　　图 2-23　不同量程范围的电阻读数

d. 电阻的读数方法。选择不同的量程范围，其读数的方法也不同。如图 2-23 所示，指针指向电阻标度尺的"3"刻度处，这时如果选择的是×1 挡，那么电阻的大小为 3×1＝3Ω；如果选择的是×10 挡，那么电阻的大小为 3×10＝30Ω，以此类推。

e. 测量需知。使用欧姆挡时不允许带电测量；测量时应根据指针所指的位置选择合适的挡位，一般而言，应使指针尽量指在电阻标度尺的 5～10 范围内。

② 电压挡的使用

a. 测量直流电压。红表笔应接至被测电压的高电位，黑表笔接低电位，如图 2-24 所示，否则指针会向左边偏转，可能会损坏表头；选择合适的直流电压挡位；读数时观察第 3 条标度尺。

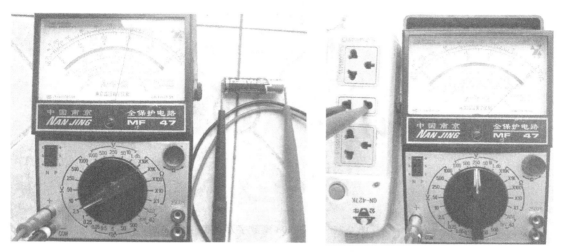

图 2-24　直流电压挡的使用　　　　　　　图 2-25　交流电压挡的使用

b. 测量交流电压。测量交流电压时，表笔无正负之分；选择合适的交流电压挡位，如图 2-25 所示；当选择交流 10V 挡测量时，读数时应查看第 2 条标度尺。

③ 电流挡的使用

a. 将挡位选择开关旋转置于"mA"挡位。

b. 断开待测的电流路径，将表笔接到断口处进行测量，红表笔接电流的正极，黑表笔接电流的负极。

c. 读数时观察第 3 条标度尺；

d. 测量大电流时（500mA～5A）时，红表笔应插入 5A 专用插孔，并将量程选择开关置于 500mA 挡。

（3）使用注意事项

若无法估计被测电压或电流的大小，则应选择最高挡位进行测量，然后再根据指针偏转情况选择合适的挡位进行测量，以免指针偏转过度而损坏表头。

测量完毕，应将挡位开关旋转置于交流电压最高挡，不可将开关置于电阻挡，防止两表笔短接时耗尽表内电池。

2）数字万用表

数字万用表是一种将测量的电压、电流、电阻等电参数的数值直接用数字显示出来的指示仪表，具有测量速度快、精度高、分辨率强、测试范围宽等特点。随着数字电子技术的不断发展，数字万用表的使用也越来越广泛。许多数字万用表除了基本的测量功能外，还能测量电容量、电感量、晶体三极管放大倍数等，也是一种多功能测试仪表。

（1）认识数字万用表

DT-9203 型数字万用表可以进行交直流电压、电流、电容、电阻的测量，二极管测试及带声响的电路通断测试功能，并具有精度高、安全可靠的特点。其外形如图 2-26 所示。

① 显示屏　是读数的地方，如图 2-27 所示。

图 2-26 DT-9203 型数字万用表

② 按键　如图 2-28 所示，POWER——电源开关；HOLD——锁屏按键。

图 2-27 液晶显示屏

图 2-28 数字万用表功能按键

③ 挡位选择开关（图 2-29）

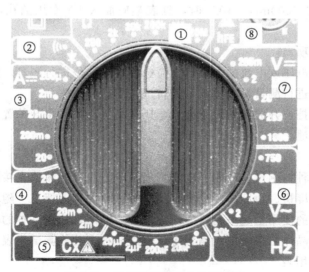

图 2-29 数字万用表挡位选择开关

a. ①是欧姆挡，测量范围 0.1～20MΩ；

b. ②是二极管挡，也称蜂鸣挡，测量二极管和电路的通断性；

c. ③是直流电流挡，测量范围 0.1μA～20A；

d. ④是交流电流挡，测量范围 0.1mA～20A；

e. ⑤是电容量挡，测量范围 0.1nF～20μF；

f. ⑥是交流电压挡，测量范围 0.1～750V；

g. ⑦是直流电压挡，测量范围 0.1mV～1000V；

h. ⑧是三极管电流放大系数测试挡，能测出三极管的基极、发射极、集电极和管型。

④ 插孔（图 2-30）

图 2-30　数字万用表的插孔

a. ①孔是适用于至 20A 的交流电和直流电电流测量的输入插孔；

b. ②孔是适用于至 200mA 的交流电和直流电电流测量的输入插孔；

c. ③孔是适用于测试所有低电位或公共端的插孔；

d. ④孔是适用于电压、电阻、通断性、二极管和电容测量的输入端子。

（2）数字万用表的使用

由于便携式数字万用表属于多功能精密电子测量仪表，其型号多、功能不一，因此在使用之前，应仔细阅读其说明书，熟悉相关内容和测量方法。可以利用数字万用表来测量直流电压、交流电压、电阻、电容、二极管、三极管，检查线路通断，下面以便携式数字万用表为例作具体介绍。

① 测量直流电压　如图 2-31 所示，其操作步骤如下。

a. 将红表笔插入"VΩHz"孔，黑表笔插入"COM"孔。

b. 将挡位选择开关旋转置于直流电压挡"V＝"，并选择合适的量程。

图 2-31　直流电压挡的使用

图 2-32　交流电压挡的使用

c. 将表笔接触想测量的电路测试点测量电压。

d. 查看显示屏，读出测量的电压值，并注意观察电压极性的正负。

② 测量交流电压　如图 2-32 所示，其操作步骤如下。

a. 将红表笔插入"VΩHz"孔，黑表笔插入"COM"孔。

b. 将挡位选择开关旋转置于交流电压挡"V~"，并选择合适的量程。

c. 将表笔接触想测量的电路测试点测量电压。

d. 查看显示屏，读出测量的电压值，注意交流电压没有正负之分。

③ 测量直流电流

a. 将黑表笔插入"COM"孔，当测量最大值为 200mA 的电流时，红表笔插入"mA"端子；当测量最大值为 20A 的电流时，红表笔插入"20A"端子。

b. 将挡位选择开关旋转置于直流电流挡"A="，并选择合适的量程。

c. 断开待测的电流路径，将表笔接到断口处进行测量。

d. 从显示屏上读出测量的电流值，并注意观察该电流的极性。

④ 测量交流电流

a. 将黑表笔插入"COM"孔，当测量最大值为 200mA 的电流时，红表笔插入"mA"端子；当测量最大值为 20A 的电流时，红表笔插入"20A"端子。

b. 将挡位选择开关旋转置于交流电流挡"A~"，并选择合适的量程。

c. 断开待测的电流路径，将表笔接到断口处进行测量。

d. 从显示屏上读出测量的电流值，注意交流电流没有正负之分。

⑤ 测量电阻值　如图 2-33 所示，其操作步骤如下。

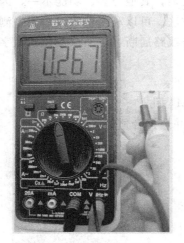

图 2-33　欧姆挡的使用

图 2-34　挡位选择开关置于二极管挡

a. 将红表笔插入"VΩHz"孔，黑表笔插入"COM"孔。

b. 将挡位选择开关旋转置于欧姆挡"Ω"，并选择合适的量程。

c. 将表笔接触到待测电阻上测量电阻值。

d. 从显示屏上读出测量的电阻值。

测量电压的时候，适当选择好量程将红表笔插入"VΩHz"孔，黑表笔插入"COM"孔，然后并联进电路测量电压，如果不知道被测信号有多大，则要选择最大量程测量。测量直流电的时候不必考虑正负极，因为数字表不像指针表测量直流信号测量反了表针反打，数字表只是会显示负号，说明信号是从黑表笔进入。

⑥ 测试二极管

a. 将红表笔插入"VΩHz"孔，黑表笔插入"COM"孔。

b. 将挡位选择开关旋转置于二极管挡位，如图 2-34 所示。

c. 将红表笔接二极管的正极，黑表笔接二极管的负极，如图 2-35 所示。

d. 读出显示屏上的正向偏压值（近似值）。对硅二极管，应有 550～700 的数字显示；对锗二极管，应有 150～300 的数字显示。

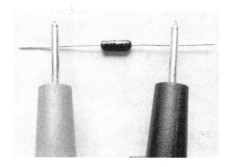

图 2-35　测试二极管

图 2-36　测试电容量

⑦ 测试电容量

a. 将挡位选择开关旋转置于"Cx"挡位，并选择合适的量程，如图 2-36 所示。

b. 将待测电容插入测试插孔中。

c. 待读数稳定后（长达 15s），阅读显示屏上的电容值。

⑧ 测试通断性

a. 将红表笔插入"VΩHz"孔，黑表笔插入"COM"孔。

b. 将挡位选择开关旋转置于二极管挡位。

c. 将表笔接到待测线路的两端，如果两端之间电阻值不超过 50Ω，内置蜂鸣器会发出连续音，表示短路；若无连续音，则表示开路。

（3）使用注意事项

① 使用仪表前，要检查表笔的通断性、绝缘是否有损坏，若有损坏则仪表不能使用。

② 测量电流前应先检查仪表的保险丝。

③ 避免损坏仪表，在测量电阻、二极管、电容前，应断开电路电源。

④ 勿在任何端子和地线间加载超出仪表上标明的额定电压。

2.2.2　示波器的使用

示波器是一种用途十分广泛的电子测量仪器。利用示波器能观察各种不同信号幅度随时间变化的波形曲线，还可以用它测试各种不同的电量，如电压、电流、频率、相位差、调幅度等，对从事电类专业工作的人员来说，熟练掌握示波器是必备的技能。本小节以安泰信公司的 ADS1000 系列数字存储示波器为例介绍示波器的基本操作方法。

1）前面板和用户界面

从图 2-37 中可见，面板上包括旋钮和功能按键；显示屏右侧有一列 5 个灰色按键，通过它们可以设置当前菜单的不同选项，其他按键为功能键，通过它们可以进入不同的功能菜单或直接获得特定的功能应用。

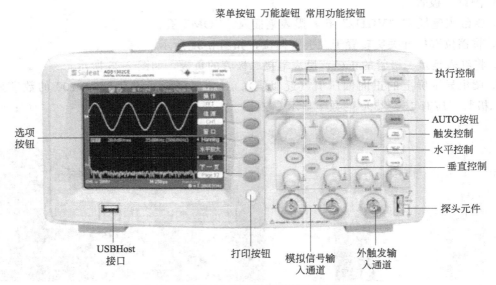

图 2-37　ADS1000 系列数字存储示波器前面板

数字存储示波器用户界面如图 2-38 所示。

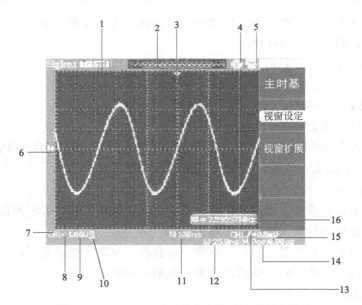

图 2-38　ADS1000 系列数字存储示波器用户界面

图 2-38 中标号 1～16 所表示的意思如下。

① 1 是触发状态。

- Armed：已配备。示波器正在采集预触发数据。在此状态下忽略所有触发。
- Ready：准备就绪。示波器已采集所有预触发数据并准备接受触发。
- Trig'd：已触发。示波器已发现一个触发并正在采集触发后的数据。

- Stop：停止。示波器已停止采集波形数据。
- Auto：自动。示波器处于自动模式并在无触发状态下采集波形。
- Scan：扫描。在扫描模式下示波器连续采集并显示波形。

② 2 是显示当前波形窗口在内存中的位置。

③ 3 是使用标记显示水平触发位置。旋转水平"POSITION"旋钮调整标记

④ 4 是打印类型选择。

⑤ 5 是 USB 接口对象选择。

⑥ 6 是显示波形的通道标志。

⑦ 7 是使用屏幕标记表明显示波形的接地参考点。若没有标记，不会显示通道。显示信源信号。

⑧ 8 是信号耦合标志。

⑨ 9 是以读数显示通道的垂直刻度系数。

⑩ 10 是 B 图标表示通道是带宽限制的。

⑪ 11 是以读数显示主时基设置。

⑫ 12 是若使用窗口时基，以读数显示窗口时基设置。

⑬ 13 是采用图标显示选定的触发类型。

⑭ 14 是以读数显示水平位置。

⑮ 15 是用读数表示"边沿"脉冲宽度触发电平。

⑯ 16 是以读数显示当前信号频率。

2）面板按键及其使用方法

（1）垂直控制区（VERTL）

如图 2-39 所示，在垂直控制区（VERTL）有一系列的按键、旋钮，可以使用垂直控制来显示波形、调整垂直刻度和位置。每个通道都有单独的垂直菜单，每个通道可进行单独设置。

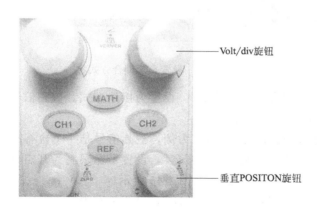

图 2-39　垂直控制区

① CH1、CH2

- CH1：用于观测 CH1 端口输入的信号。
- CH2：用于观测 CH2 端口输入的信号。

a. 设置通道耦合。以 CH1 通道为例，被测信号是一个含有直流偏置的正弦信号。

· 按"CH1"—"耦合"—"交流",设置为交流耦合方式,这样被测信号含有的直流分量被阻隔。如图 2-40 所示。

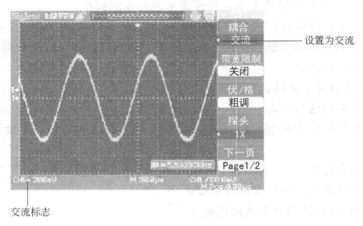

图 2-40　设置交流耦合方式

· 按"CH1"—"耦合"—"直流",设置为直流耦合方式。被测信号含有的直流分量和交流分量都可以通过。如图 2-41 所示。

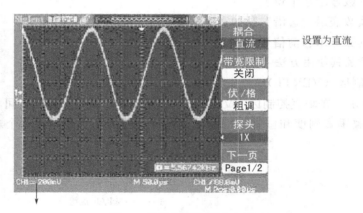

图 2-41　设置直流耦合方式

· 按"CH1"—"耦合"—"接地",设置为接地方式。被测信号含有的直流分量和交流分量都被阻隔。如图 2-42 所示。

b. 设置通道带宽限制。以 CH1 通道为例,被测信号是一个含有高频振荡的脉冲信号。

· 按"CH1"—"带宽限制"—"开启",设置带宽限制为开启状态。被测信号含有的大于 20MHz 的高频分量幅度被限制。如图 2-43 所示。

· 按"CH1"—"带宽限制"—"关闭",设置带宽限制为关闭状态。被测信号含有的高频分量幅度未被限制。如图 2-44 所示。

c. 挡位调节设置。垂直挡位调节分为粗调和细调两种模式,垂直灵敏度的范围为 2mV/div～5V/div,2mV/div～10V/div。以 CH1 通道为例。

· 按"CH1"—"伏/格"—"粗调",粗调以 1—2—5 方式步确定垂直灵敏度。如图 2-45所示。

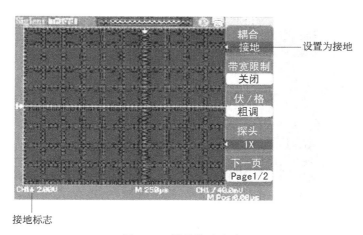

图 2-42　设置接地方式

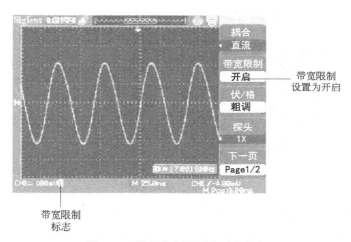

图 2-43　设置带宽限制为开启状态

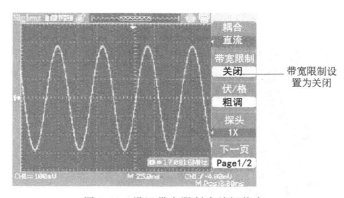

图 2-44　设置带宽限制为关闭状态

• 按"CH1"—"伏/格"—"细调",细调在当前垂直挡位内进一步调整。如果输入的波形幅度在当前挡位略大于满刻度,而应用下一挡位波形显示幅度稍低,可以应用细调改善波形显小幅度,以利于观察信号细节。如图 2-46 所示。

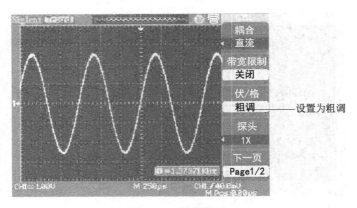

图 2-45　粗调设置

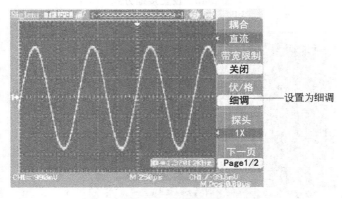

图 2-46　细调设置

d. 探头比例设置。为了配合探头的衰减系数，需要在通道操作菜单相应调节探头衰减比例系数。若探头衰减系数为 10∶1，示波器输入通道的比例也应设置为"10×"，以避免显示的挡位信息和测量的数据发生错误。以 CH1 通道为例，若应用 100∶1 探头时，按"CH1" —"探头" —"100×"。如图 2-47 所示。

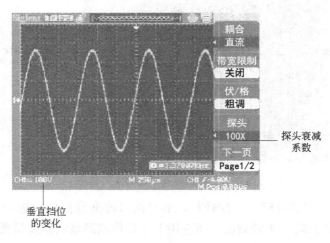

图 2-47　探头比例设置

e. 波形反相设置。以 CH1 通道为例。

• 按 "CH1" — "反相" — "关闭"。如图 2-48 所示。

• 按 "CH1" — "反相" — "开启"，显示的信号相对于地电位翻转 180°。

• 如图 2-49 所示。

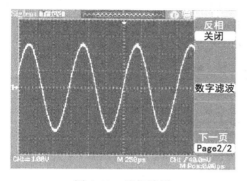

图 2-48 反相关闭

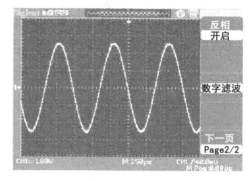

图 2-49 反相开启

f. 数字滤波设置。

• 按 "CH1" — "下一页" — "数字滤波"，系统显示 FILTER 数字滤波功能菜单；选择 "滤波类型"，再选择 "频率上限" 或 "频率下限"，旋转 "万能" 旋钮设置频率上限和下限，选择或滤除设定频率范围。

• 按 "CH1" — "下一页" — "数字滤波" — "关闭"，关闭数字滤波功能。如图 2-50 所示。

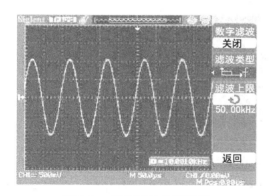

图 2-50 数字滤波关闭设置

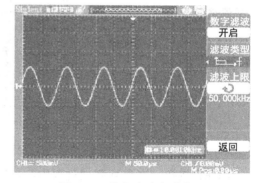

图 2-51 数字滤波启动设置

• 按 "CH1" — "下一页" — "数字滤波" — "开启"，打开数字滤波功能。如图 2-51 所示。

② 垂直 "POSITION" 旋钮

a. 此旋钮调整所有通道波形的垂直位置。

b. 调整通道波形的垂直位置时，屏幕在左下角显示垂直位置信息。

c. 按下垂直 "POSITION" 旋钮可使垂直位置归零。

③ "Volt/div（伏/格）" 旋钮

a. 可以使用 "Volt/div" 旋钮调节所有通道的垂直分辨率控制器放大或衰减通道波形的

信源信号。旋转 "Volt/div" 旋钮时，状态栏对应的通道挡位显示发生了相应的变化。

b. 当使用 "Volt/div" 旋钮的按下功能时可以在 "粗调" 和 "细调" 间进行切换，粗调是以 1—2—5 方式步进确定垂直挡位灵敏度。顺时针增大、逆时针减小垂直灵敏度。细调是在当前挡位进一步调节波形显示幅度。同样，顺时针增大、逆时针减小显示幅度。

④ "MATH"（数学运算）按钮　数学运算（MATH）功能是显示 CH1、CH2 通道波形相加、相减、相乘、相除的结果，见表 2-1。按下 "MATH" 按钮可以显示波形的数学运算。再次按下 "MATH" 按钮可以取消显示出的波形运算。

表 2-1　MATH（数学运算）按钮

运 算	设 置	说 明
+	CH1+CH2	信源 1 与信源 2 的波形相加
−	CH1−CH2	信源 1 的波形减去信源 2 的波形
	CH2−CH1	信源 2 的波形减去信源 1 的波形
×	CH1×CH2	信源 1 与信源 2 的波形相乘
/	CH1/CH2	信源 1 的波形除以信源 2 的波形
	CH2/CH1	信源 2 的波形除以信源 1 的波形

CH1 与 CH2 的波形相加如图 2-52 所示。

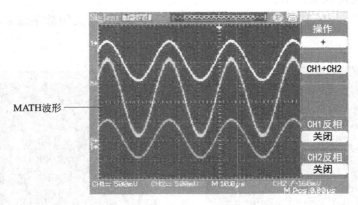

图 2-52　CH1 与 CH2 的波形相加

⑤ REF 按钮　在实际测试过程中，可以把波形和参考波形样板进行比较，从而判断故障原因。此法在具有详尽电路工作点参考波形条件下尤为适用。按下 "REF" 按钮显示参考波形菜单如图 2-53 所示。具体操作如下。

a. 按下 "REF" 菜单按钮，显示参考波形菜单。

b. 选择参考波形的 CH1 或 CH2 通道。

c. 旋转垂直 "POSITION" 旋钮和 "Volt/div" 旋钮调整参考波形的垂直位置和挡位至适合的位置。

d. 按顶端第二个选项按钮选择 "REFA" 或 "REFB" 作为参考波形的存储位置。

e. 按下 "储存" 选项保存当前屏幕波形作为波形参考。

f. 按最底端选项按钮选择 "REFA 开启" 或 "REFB 开启" 调出参考波形，如图 2-54 所示。

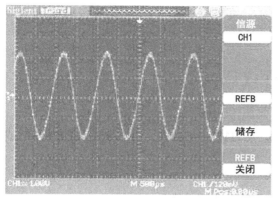

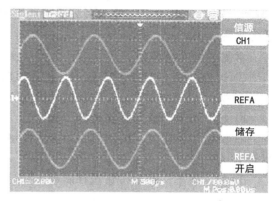

图 2-53 按 "REF" 显示参考波形菜单   图 2-54 选择 "REFA" 开启调出参考波形

（2）水平控制区（Horizontal）

如图 2-55 所示，在水平控制区（Horizontal）有一个按钮、两个旋钮。

① 水平 "POSITION" 旋钮

a. 调整通道波形的水平位置。

b. 按下水平 "POSITION" 旋钮可以使水平位置归零。

② "S/div" 旋钮

a. 用于改变水平时间刻度，以便放大或缩小波形。

b. 调整主时基或窗口时基，即 "秒/格"。当使用窗口模式时，将通过改变 "S/div" 旋钮改变窗口时基而改变窗口宽度。

c. 连续按 "S/div" 旋钮可在 "主时基"、"视窗设定"、"视窗扩展" 选项间切换。

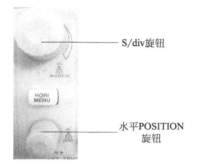

图 2-55 水平控制区旋钮

图 2-56 触发控制区

（3）触发系统

触发器将确定示波器开始采集数据和显示波形的时间。正确设置触发器后，示波器就能将稳定的显示结果或空白显示屏转换为有意义的波形。如图 2-56 所示，在触发控制区（Trigger）有一个旋钮、三个按钮。

• "TRIG MENU" 按钮：使用 "TRIG MENU" 按钮调出 "触发菜单"。

• "LEVEL" 旋钮：触发电平设定触发点对应的信号电压，以便进行采样。按下 "LEVEL" 旋钮可使触发电平归零。

• "SET TO 50%" 按钮：使用此按钮可以快速稳定波形。示波器可以自动将 "触发电平" 设置为大约是最小和最大电压间的一半。

"FORCE"按钮：无论示波器是否检测到触发，都可以使用"FORCE"按钮完成当前波形采集。

常见的触发类型如下。

① 边沿触发　如图 2-57 所示，操作说明如下。

a. 按"TRIG MENU"按钮显示触发菜单。

b. 按"类型"选项按钮选择"边沿"。

c. 根据信号输入，按"信源"选项按钮选择"CH1"、"CH2"、"EXT"、"EXT/5"或"AC Line"。

d. 按"斜率"选项按钮选择斜率。

e. 按"触发方式"选项按钮选择"自动"、"正常"或"单次"。

· 自动：波形在不管是否满足触发条件下都刷新。

· 正常：波形在满足触发条件下刷新；不满足触发条件时不刷新；等待下一次触发事件的发生。

· 单次：在满足触发条件下采集一次波形，然后停止。

f. 按"设置"按钮进入触发设置菜单；按"耦合"选项按钮选择"直流"、"交流"、"高频抑制"或"低频抑制"。

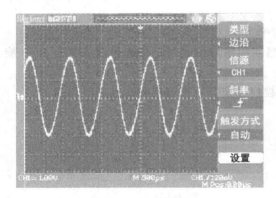

图 2-57　边沿触发

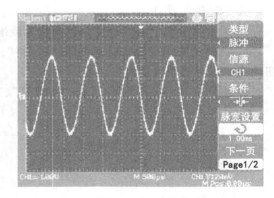

图 2-58　脉冲触发

② 脉冲触发（设定条件捕捉异常脉冲）　如图 2-58 所示，操作说明如下。

a. 按"TRIG MENU"按钮显示触发菜单。

b. 按"类型"选项按钮选择"脉冲"。对脉冲触发的信源的设置类似于边沿触发。

c. 按"条件"选项按钮选择"正脉宽小于"、"正脉宽大于"、"正脉宽等于"、"负脉宽小于"、"负脉宽大于"或"负脉宽等于"。

d. 旋转"万能"旋钮设置脉宽。

③ 视频触发（对标准视频信号进行场或行视频触发）　如图 2-59 所示，操作说明如下。

a. 按"TRIG MENU"按钮显示触发菜单。

b. 按"类型"选项按钮选择"视频"。

c. 按"极性"选项按钮选择"上升"或"下降"。

d. 按"同步"选项按钮选择"所有行"、"指定行"、"奇数场"或"偶数场"。

e. 按"下一页 Page 2/2"选项按钮。

f. 按"标准"选项按钮选择"PAL/SECAM"或"NTSC"。

（4）信号获取系统

如图 2-60 所示，"ACQUIRE"为信号获取系统的功能按键，包括采样、峰值检测、平均值三种信号获取方式。

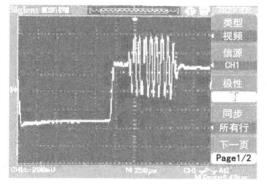

图 2-59　视频触发

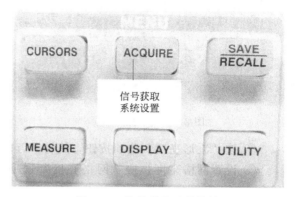

图 2-60　信号获取功能按键

① 采样　如图 2-61 所示，示波器以均匀时间间隔对信号进行取样以建立波形。其优点是此模式多数情况下可以精确表示信号；其缺点是此模式不能采集取样之间可能发生的快速信号变化，这可以导致"假波现象"并可能漏掉窄脉冲，这些情况下应使用"峰值检测"模式。

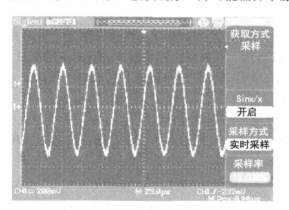

图 2-61　采样方式

图 2-62　峰值检测方式

② 峰值检测　如图 2-62 所示，示波器在每个取样间隔中找到输入信号的最大值和最小值并使用这些值显示波形。其优点是此模式可以获取并显示可能丢失的窄脉冲，并可避免信号的混淆；其缺点是此模式显示的噪声比较大。

③ 平均值　如图 2-63 所示，示波器采集几个波形，将它们平均，然后显示最终波形。其优点是此模式可减少所显示信号中的随机或无关噪声。

（5）显示系统

如图 2-64 所示，"DISPLAY"为显示系统的功能按钮。操作说明如下。

① 按"DISPLAY"按钮，进入显示菜单。按"类型"选项按钮选择"矢量"或"点"。

② 按"持续"选项按钮，选择"关闭"、"1 秒"、"2 秒"、"5 秒"或"无限"。利用此选项可以观察一些特殊波形。

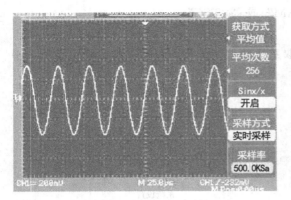

图 2-63　平均值方式　　　　　　　　图 2-64　显示系统的功能按键

③ 按"波形亮度"选项按钮，旋转"万能"旋钮可调节波形的显示亮度。

④ 设置网格亮度，按"网格亮度"选项按钮，旋转"万能"旋钮可调节网格的显示亮度。

⑤ 按"下一页 Page2/3"选项按钮进入第二页显示菜单。按"格式"选项按钮选择"YT"或"XY"。

（6）测量系统

示波器将显示电压相对于时间的图形并帮助用户测量显示波形。有几种测量方法，可以使用刻度、光标进行测量或自动测量。

① 刻度测量　使用此方法能快速、直观地做出估计。例如可以观察波形幅度，判定其是否略高于 100mV。可通过计算相关的主次刻度分度，并乘以比例系数来进行简单的测量。例如，如果计算出波形的最大值和最小值之间有 5 个主垂直刻度分度，并且已知比例系数为 100mV/分度，则可按照下列方法来计算峰-峰值电压。

$$5 分度 \times 100mV/分度 = 500mV$$

② 光标测量　如图 2-65 所示，"CURORS"为光标测量的功能按键。光标测量有三种模式：手动方式、追踪方式、自动方式。

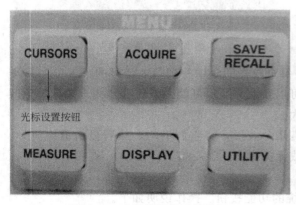

图 2-65　光标测量的功能按钮　　　　　　　图 2-66　手动方式

a. 手动方式。水平或垂直光标成对出现用来测量电压或时间，可手动调整光标的间距。在使用光标前，需先将信号源设定为所要测量的波形。操作步骤如下。

- 按 "CURSOR" 按钮进入光标测量功能菜单。
- 按 "光标模式" 选项按钮选择 "手动"。
- 按 "类型" 选项按钮选择 "电压" 或 "时间"。
- 根据信号输入通道，按 "信源" 选项按钮选择 CH1、CH2、MATH、REFA 或 REFB。
- 选择 "Cur A"，旋转 "万能" 旋钮调节光标 A 的位置。
- 选择 "Cur B"，旋转 "万能" 旋钮调节光标 B 的位置。

其测量值显示在屏幕的左上角，如图 2-66 所示。

b. 追踪方式。水平与垂直光标交叉构成十字光标。十字光标自动定位在波形上，通过旋转 "万能" 旋钮来调节十字光标在波形上的水平位置。光标点的坐标会显示在示波器的屏幕上。操作步骤如下。

- 按 "CURSOR" 按钮进入光标测量功能菜单。
- 按 "光标模式" 选项按钮选择 "追踪"。
- 按 "光标 A" 选项按钮，选择追踪信号的输入通道 CH1 或 CH2。
- 按 "光标 B" 选项按钮，选择追踪信号的输入通道 CH1 或 CH2。
- 选择 "Cur A"，旋转 "万能" 旋钮水平移动光标 A。
- 选择 "Cur B"，旋转 "万能" 旋钮水平移动光标 B。

其测量值显示在屏幕的左上角，如图 2-67 所示。

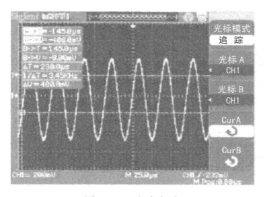

图 2-67　追踪方式

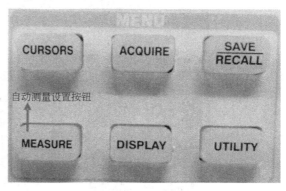

图 2-68　自动测量的功能按钮

c. 自动方式。在此方式下，系统会显示对应的光标以揭示测量的物理意义。系统会根据信号的变化，自动调整光标位置，并计算相应的参数值。操作步骤如下。

- 按 "CURSOR" 按钮进入光标测量菜单。
- 按 "光标模式" 选项按钮选择 "自动测量"。
- 按 "MEASURE" 按钮进入自动测量菜单，选择要测量的参数。

③ 自动测量　如图 2-68 所示，"MEASURE" 为自动测量的功能按钮。

如果采用自动测量，示波器会为用户进行所有的计算。因为这种测量使用波形的记录点，所以比刻度或光标测量更精确。自动测量有三种测量类型：电压测量、时间测量、延迟测量，如图 2-69 所示。

（7）存储系统

如图 2-70 所示，"SAVE/RECALL" 为存储系统的功能按钮。存储调出界面如图 2-71 所示。

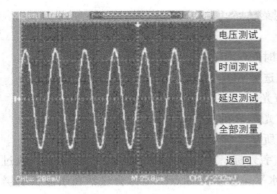 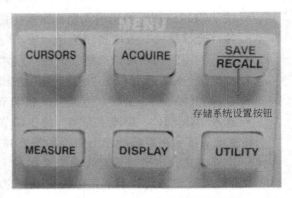

图 2-69　自动测量测量类型选择显示　　　　　图 2-70　存储系统的功能按钮

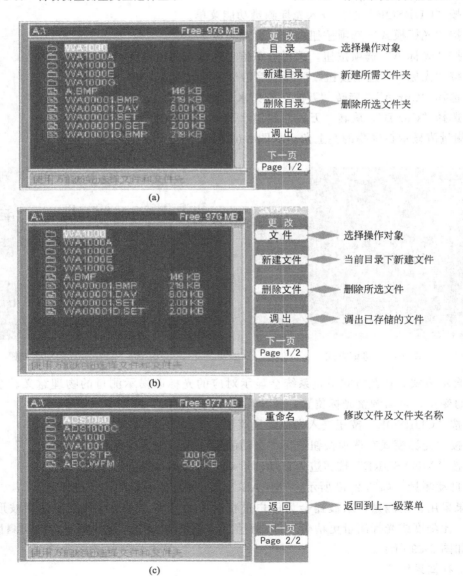

图 2-71　存储调出界面

若要把配置文件存储到 U 盘中可执行以下步骤。

① 按 "SAVE/RECALL" 按钮并选择 "类型" 为 "设置存储"。

② 把 U 盘插入（此时提示 "USB 存储设备连接成功"）并等待示波器对 U 盘初始化完成（初始化时间约 10s）。

③ 按 "存储到" 选项按钮选择 "文件"。

④ 按 "存储" 选项进入存储调出界面。

⑤ 按 "新建目录" 创建需要的文件夹。

⑥ 按 "删除目录" 可删除已有文件夹。

⑦ 按 "更改" 按钮选择文件选项。

⑧ 按 "新建文件" 创建所需存储的文件。

⑨ 按 "删除文件" 可删除存储在所选文件夹里面的文件。

⑩ 按下一页中 "重命名" 可修改已存储文件或文件夹的名称。

⑪ 按 "确定" 就可以将设置存储到相应的文件里面。

若要从 U 盘中调出配置数据可执行以下步骤。

① 按 "SAVE/RECALL" 按钮，并选择类型为 "设置存储"。

② 把 U 盘插入（此时提示 "USB 存储设备连接成功"）并等待示波器对 U 盘初始化完成（初始化时间约 10s）。

③ 按 "存储到" 选项按钮选择 "文件"。

④ 按 "存储" 进入存储调出界面。

⑤ 旋转 "万能" 按钮选择需要调出的文件夹和文件。

⑥ 按下 "调出" 选项按钮（约 5s，屏幕提示 "读取数据成功"，执行调出操作时屏幕处于停顿状态），此时配置数据已从 U 盘中调出。

（8）运行控制系统（图 2-72）

AUTO：按下这个键，系统将自动设定仪器各项控制值，以产生适宜观察的波形显示。

RUN/STOP：运行和停止控制按键，按下去之后系统将运行或停止波形采样。

　　　　图 2-72　运行控制系统按钮

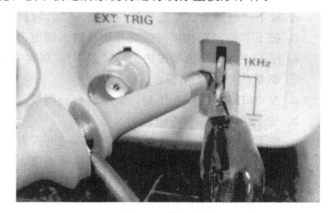
　　　　图 2-73　接好探极

3）测量实例

（1）校准信号输出

示波器机内振荡器产生一个标准频率为 1kHz 的方波信号，用于调整测试探极的补偿和检测垂直、水平电路的基本功能。操作说明如下。

① 按照图 2-73 所示接好探极。

② 自检波形如图 2-74 所示。

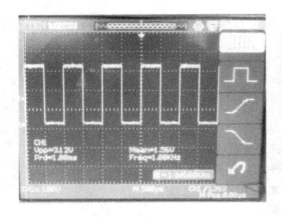

图 2-74　自检波形

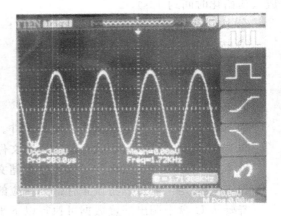

图 2-75　简单信号测量

（2）简单信号的测量

观测电路中一未知信号，迅速显示和测量信号的频率和峰-峰值。操作说明如下。

① 按下"CH1 菜单"按钮，将探头选项衰减系数设定为"10×"，并将探头上的开关设定为"10×"。

② 将通道 1 的探头连接到电路被测点。

③ 按下"AUTO"按钮，示波器将自动设置垂直、水平、触发控制。若要优化波形的显示，可在此基础上手动调整上述控制，直至波形的显示符合要求。

④ 测量信号的频率。

a. 按"VIEIISURE"按钮，显示"自动测量"菜单。

b. 按下顶部的选项按钮。

c. 按下"时间测试"选项按钮，进入"时间测量"菜单。

d. 按下"信源"选项按钮选择信号输入通道。

e. 按下"类型"选项按钮选择"频率"，屏幕右下角会出现测量结果，如图 2-75 所示。

⑤ 测量信号的峰-峰值。

a. 按"MEASURE"按钮，显示"自动测量"菜单。

b. 按下顶部的选项按钮。

c. 按下"电压测试"选项按钮，进入"电压测量"菜单。

d. 按下"信源"选项按钮选择信号输入通道。

e. 按下"类型"选项按钮选择"峰峰值"。

f. 屏幕左下角会出现测量结果，如图 2-75 所示。

（3）"FFT"频谱分析

使用"FFT"（快速傅立叶变换）数学运算可将时域信号转换成频率分量。操作说明如下。

① 按下 AUTO 按钮，显示如图 2-76 所示。

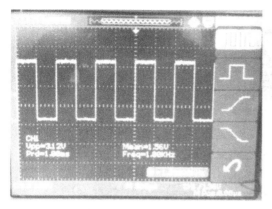

图 2-76　按下 AUTO 按钮的显示

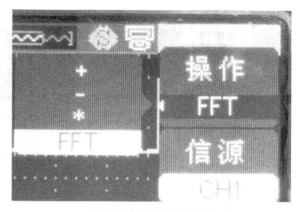

图 2-77　选择 FFT 运算

② 按下"MATH"按钮，打开数学运算菜单，选择"FFT"运算，如图 2-77 所示。

③ FFT 窗口分析如图 2-78 所示。

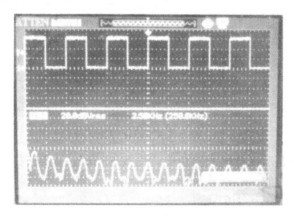

图 2-78　FFT 窗口分析

2.2.3　函数信号发生器的使用

函数信号发生器能输出正弦波、方波、三角波、锯齿波信号，是基本的电子测量仪器。本节主要介绍 TFG1005 DDS 函数信号发生器的使用方法。DDS 函数信号发生器采用直接数字合成技术（DDS），具有快速完成测量工作所需的高性能指标和众多的功能特性。其简单而功能明晰的前面板及液晶汉字或荧光字符显示功能使用户更便于操作和观察，选装的扩展功能模块，可使用户获得增强的系统功能。

1）面板介绍（图 2-79）

（1）电源开关

按下标号①按键，电源接通。此时默认输出状态为：输出正弦波信号，频率 1kHz，峰-峰值 1V，由 A 路端口输出。如图 2-80 所示。

（2）液晶显示屏

标号②液晶显示屏显示输出信号的状态。

（3）控制键盘

标号③控制键盘共 20 个按键，如图 2-81 所示。键体上的字表示该键的基本功能，直接

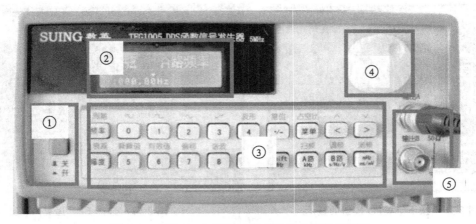

图 2-79　TFG1005 DDS 函数信号发生器的前面板

图 2-80　输出频率 1kHz 的正弦波信号

按键执行；键上方的字表示该键的上挡功能，先按 Shift 键，屏幕右下方出现"S"，再按某一键可执行该键的上挡功能。

图 2-81　控 制 键 盘

- "频率"、"幅度"键：频率和幅度选择键。
- "0"、"1"、"2"、"3"、"4"、"5"、"6"、"7"、"8"、"9"键：数字输入键。
- "MHz"、"kHz"、"Hz"、"mHz"键：双功能键，在数字输入之后执行单位键功能，同时作为数字输入的结束键。直接按"MHz"键执行"Shift"功能，直接按"kHz"键执行"选项"功能，直接按"Hz"键执行"触发"功能。
- "．/－"键：双功能键，在数字输入之后输入小数点，"偏移"功能时输入负号。
- "＜"、"＞"键：光标左右移动键。
- "菜单"键：主菜单控制键，循环选择六种功能。
- "选项"键：子菜单控制键，在每种功能下循环选择不同的项目。

• "触发" 键：在 "扫描"、"调制"、"猝发"、"键控"、"外测" 功能时作为触发启动键。

• "Shift" 键：上挡键（显示 "S" 标志），按 "Shift" 键后再按其他键，分别执行该键的上挡功能。

（4）调节旋钮

按控制键盘上的 "＜" 和 "＞" 键，移动显示屏上数据上边的三角形光标 "▼" 指示位，转动调节旋钮（标号④），可连续调节指示位的数字大小，实现对输出频率或电压值的粗调和细调。

（5）输出 A、输出 B

标号⑤表示 A 路信号和 B 路信号的输出端。

2）使用方法

（1）开机与复位

按下面板上的电源按钮，电源接通。首先显示 "WELCOME TO USE"，"欢迎使用"，然后依次显示 0，1，2，3，4，5，6，7，8，9，最后进入复位初始化状态，显示出当前 A 路波形和频率值。按 "菜单" 键，可以进入菜单显示。在任何时候只要按 "Shift"、"复位" 键即可回到复位初始化状态。

（2）通道选择

开机后默认的通道是 A 路，反复按 "Shift"、"A/B" 两键可循环选择为 A 路或 B 路。

（3）数据的输入

① 数字键输入　十个数字键用来向显示区写入数据。写入方式为自右至左移位写入，超过十位后左端数字溢出丢失。使用数字键只是把数字写入显示区，这时数据并没有生效，所以如果写入有错，可以按当前功能键后重新写入，对仪器工作没有影响。等到确认输入数据完全正确之后，按一次单位键（"MHz"，"kHz"，"Hz"，"mHz"），这时数据开始生效，仪器将显示区数据根据功能选择送入相应的存储区和执行部分，使仪器按照新的参数输出信号。

数据的输入可以使用小数点和单位键任意搭配，仪器都会按照固定的单位格式（Hz，V，ms）将数据显示出来。例如输入 1.5Hz，或 0.0015kHz，或 1500mHz，数据生效之后都会显示为 1.50Hz。

符号键 ". / －" 具有负号和小数点两种功能，在 "偏移" 功能时，按此键可以写入负号。当数据区已经有数字时，按此键则在数据区的末位数字上加小数点，如果数据区中已经带有小数点，则按此键不再起作用。

② 调节旋钮输入　在实际应用中，有时需要对信号进行连续调节，如果使用数字键输入方法，就必须反复使用数字键和单位键，这是很麻烦的。这时可以使用数字调节旋钮输入方法。按位移键 "＜" 或 "＞"，可以使数据显示中的光标数字位左移或右移，面板上的旋钮为数字调节旋钮。向右转动旋钮，可使光标位数字连续加一，并能向高位进位。向左转动旋钮，可使光标位数字连续减一，并能向高位借位。使用旋钮输入数据时，数字改变后即刻生效，不用再按单位键。光标数字位向左移动，可以对数据进行粗调，向右移动则可以进行细调。

调节旋钮输入可以在多种项目选择时使用，当不需要使用旋钮时，可以用位移键 "＜"

和 ">" 取消光标数字位，旋钮的转动就不再有效。

（4）频率周期设定

A 路频率设定：例如现在需要产生调节信号的频率为 3.5kHz，可以直接按键盘上的"频率"、"3"、". /一"、"5"、"kHz"。

信号也可以用周期值的形式进行显示和输入，按"Shift"、"周期"键，可以显示出当前周期值，用数字键或调节旋钮输入周期值。但是仪器仍然是使用频率合成方式，只是在数据的输入和显示时进行了换算。由于受频率分辨率的限制，在周期较长时，所能给出的周期间隔也较大。输出信号的实际周期值，是数据生效之后显示出来的数值，可能与输入值有些差异。

例如设定周期 25ms，可以依次按下"Shift"、"周期"、"2"、"5"、"ms"这五个键。

（5）幅度设定

按"幅度"键，选中"A 路幅度"，显示出当前幅度值。可用数字键或调节旋钮输入幅度值，"输出 A"端口即有该幅度的信号输出。

① 幅度值的格式　A 路幅度值的输入和显示有两种格式：按"Shift"、"峰峰值"选择峰-峰值格式"p-p"，按"Shift"、"有效值"选择有效值格式"rms"。随着幅度值格式的转换，幅度的显示值也相应地发生变化。

虽然幅度数值有两种格式，但是在仪器内部都是以峰-峰值方式工作的，只是在数据的输入和显示时进行了换算。由于受幅度分辨率的限制，在有效值方式时，输入数据生效之后显示出来的数值，可能与输入值有些差异。如果输出波形为方波，只有在占空比为 50％时，幅度有效值的显示才是正确的，如果占空比不是 50％，则方波有效值的显示是不正确的。

例如设定幅度值为有效值 5mV，可以依次按下"Shift"、"有效值"、"5"、"mV"这四个按键。

设定幅度值为峰-峰值 50mV，可以依次按下"Shift"、"峰峰值"、"5"、"0"、"mV"这五个按键。

② 输出负载　幅度设定值是在输出端开路时校准的，输出负载上的实际电压值为幅度设定值乘以负载阻抗与输出阻抗的分压比，仪器的输出阻抗约为 50Ω，当负载阻抗足够大时，分压比接近于 1，输出阻抗上的电压损失可以忽略不计。但当负载阻抗较小时，输出阻抗上的电压损失已不可忽略，负载上的实际电压值与幅度设定值是不相符的，这点应予注意。

A 路输出具有过压保护和过流保护，输出端短路几分钟或反灌电压小于 30V 时一般不会损坏，但应尽量防止这种情况的发生，以免对仪器造成潜在的伤害。

（6）输出波形选择

① 正弦波选择依次按下"Shift"、"0"。

② 方波选择依次按下"Shift"、"1"。

③ 三角波选择依次按下"Shift"、"2"。

④ 锯齿波选择依次按下"Shift"、"3"。

⑤ 指数波形选择依次按下"Shift"、"波形"、"1"、"2"、"Hz"。

（7）方波占空比设定

在 A 路选择为方波之后，按"Shift"、"占空比"可以显示出方波占空比，这时可用数字键或调节旋钮输入占空比数值，输出即为设定占空比的方波。

例如设置方波占空比 65%，可以依次按下"Shift"、"占空比"、"6"、"5""Hz"五个按键。

方波的占空比调整范围为 20%～80%。方波占空比的精度出厂时进行了校准，如果发现误差较大，可以随时进行校准，

(8) 偏移设定

在有些应用中，需要使输出的交流信号中含有一定的直流分量，使信号产生直流偏移。

例如设定直流偏移值为 −1V，可以依次按下"Shift"、"衰减"、". / −"、"1"、"V"五个按键。

应该注意的是，信号输出幅度值的一半与偏移绝对值之和应小于 10V，保证使偏移后的信号峰值不超过 ±10V，否则会产生限幅失真。

在幅度衰减方式选择为自动时，输出偏移值也会随着幅度值的衰减而一同衰减。当幅度 V_{p-p} 值大于 2V 时，实际输出偏移值等于偏移设定值。当幅度 V_{p-p} 值大于 0.2V 而小于 2V 时，实际输出偏移值为偏移设定值的十分之一。当幅度 V_{p-p} 值小于 0.2V 时，实际输出偏移值等于偏移设定值的百分之一。

(9) 幅度衰减设置

按"Shift"、"衰减"可以选择 A 路幅度衰减方式，开机或复位后为自动方式"AUTO"，仪器根据幅度设定值的大小，自动选择合适的衰减比例。在输出幅度为 2V、0.2V 和 0.02V 时进行衰减切换，这时不管信号幅度大小，都可以得到较高的幅度分辨率和信噪比，波形失真也较小。但是在衰减切换时，输出信号会有瞬间的跳变，这种情况在有些应用场合可能是不允许的，因此仪器设置有固定衰减方式。

按"Shift"、"衰减"后，用数字键输入衰减值（dB），再按"Hz"键，可以设定衰减值 −20dB、−40dB 和 −60dB 三挡，输入数字大于 70 时选择为自动方式"AUTO"。选择固定方式可以使输出信号在全部幅度范围内变化都是连续的，但在幅度设定值较小时，信号幅度分辨率、波形失真、信噪比可能较差。

技能练习

1. 给你一些插件（通孔 TH）元器件，请使用电烙铁焊接元器件。
2. 给电烙铁更换烙铁芯。
3. 给你一个电路板，请用指针万用表测量电阻、电压等参数。
4. 给你一个电路板，请用数字万用表测试电路的通断。
5. 给你 3 个不同电容器，请用数字万用表分别测量其容量。
6. 请用函数信号发生器输出一个频率 5kHz、峰-峰值 3V 的正弦波信号。
7. 请将函数信号发生器和数字示波器连接在一起。用函数信号发生器随意输出一个信号，并用数字示波器读出信号的频率和峰-峰值。
8. 请利用逻辑笔判断某个数字电路中各输入、输出端电平的高低。
9. 给你几块贴片（SMC/SMD 表贴）元件，请使用热风枪在电路板上进行焊接。

项目3　常用电子元器件的识别与检测

【项目描述】

　　常用电子元器件的识别和检测是任何一个电子从业人员最基本的必须技能，也是进入电子生产线的起步工作。通过本项目的技能训练，能识别常用电子元器件，能测量电子元器件。

【学习目标】

　　了解电子元器件的分类与选择方法；掌握常用元器件的测量方法。

【学习任务】

　　(1) 色环电阻的识别。

　　(2) 电位器和敏感电阻元件检测。

　　(3) 电容器的检测。

　　(4) 二极管和三极管的检测。

任务 3.1　常用通孔 TH 元器件的识别与检测

　　电子产品是由各种元器件及其配件组成的，常用的电子元器件有电阻、电容、电感、电位器、二极管、三极管、集成电路等。了解和掌握电子元器件的选用和检测，对于电路的设计、制作和维修具有极为重要的意义。

3.1.1　电阻器

　　电阻器的性质是对电流有阻碍的作用，是电子产品中用得最多的元件。电阻在电路中常用于控制电流和电压的大小。电阻用字母 R 表示，常用的单位是欧姆 (Ω)、千欧 (kΩ)、兆欧 (MΩ)。

　　1) 电阻器的分类

　　(1) 碳膜电阻

　　如图 3-1 所示，阻值范围一般在 1Ω～10MΩ。优点：成本低。缺点：稳定性差，误差大(主要有 5％、10％、20％几种)。多应用在要求不高的电路中。

　　(2) 金属膜电阻

　　如图 3-2 所示，阻值范围一般在 1Ω～10MΩ，性能比碳膜电阻好。优点：稳定性高，噪声小，精度高，允许误差有 0.1％、0.2％、0.5％、1％等规格。缺点：价格较贵。金属膜电阻多用在精度要求较高的电路中。

　　(3) 线绕电阻

　　如图 3-3 所示，线绕电阻能在 300℃高温下工作。优点：精确度很高、噪声低、温度系数小、不易老化。缺点：电阻值偏小，分布电感和分布电容较大，制作成本较高。通常在要求大功耗或精密仪表及设备中使用。

　　(4) 水泥电阻

　　如图 3-4 所示，水泥电阻是一种陶瓷封装的线绕电阻，功率大，热稳定性好，散热好，绝缘好，常用在大电流的电源电路中。

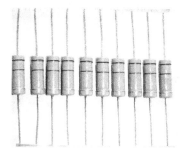

图 3-1　碳膜电阻

图 3-2　金属膜电阻

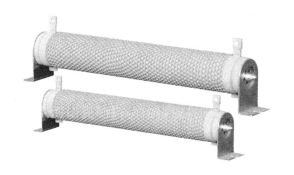

图 3-3　线绕电阻

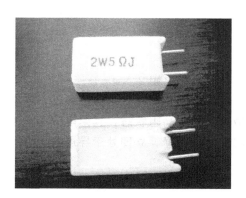

图 3-4　水泥电阻

（5）熔断电阻

如图 3-5 所示，平时作普通电阻用，当加在上面的电流超过额定值时，其内部的热熔性电阻丝会熔断，起到类似保险的作用。

（6）光敏电阻

如图 3-6 所示，光敏电阻是利用半导体光导效应制成的一种特殊电阻器元件，它的特点是对光线非常敏感，无光线照射时，光敏电阻器呈高阻状态，当有光线照射时，电阻值迅速减小。

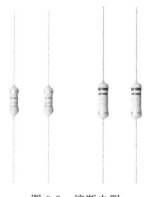

图 3-5　熔断电阻

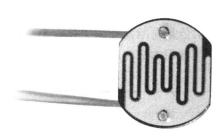

图 3-6　光敏电阻

（7）热敏电阻

如图 3-7 所示，热敏电阻的阻值随着温度的改变而改变，阻值随温度升高而增加的称为正温度系数热敏电阻（PTC）；阻值随温度升高而减小的称为负温度系数热敏电阻（NTC）。

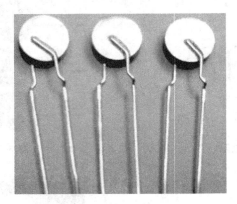

图 3-7　热敏电阻

（8）压敏电阻

压敏电阻是一种过压保护元件，当两端所加电压在额定电压以下时，它的电阻值几乎为无穷大，处于高阻状态，其漏电流不大于 $50\mu A$；当它两端的电压稍微超过额定电压时，其电阻值急剧下降，立即处于导通状态。

图 3-8　压敏电阻

（9）电位器

如图 3-9 所示，电位器实际上是一种阻值可调的电阻器元件，由一个电阻体和一个活动触点及三个引脚焊片组成。电位器有两个基本用途：用作变阻器和分压器。

2）电阻器的主要技术指标

（1）标称阻值

电阻值是电阻器的主要参数之一，标称阻值就是标注在电阻器上的电阻值。根据国家标准规定，常用的标称阻值有 E6、E12、E24 等系列，如表 3-1 所示。

表 3-1　电阻器的标称值系列

系列	电阻器的标称值/Ω					
E24	1.0、1.1、1.2、1.3	1.5、1.6、1.8、2.0	2.2、2.4、2.7、3.0	3.3、3.6、3.9、4.3	4.7、5.1、5.6、6.2	6.8、7.5、8.2、9.1
E12	1.0、1.2	1.5、1.8	2.2、2.7	3.3、3.9	4.7、5.6	6.8、8.2
E6	1.0	1.5	2.2	3.3	4.7	6.8

（2）允许误差

图 3-9　电位器

　　电阻器的实际值与标称值的最大允许偏差，称为允许误差，它代表了电阻器的精度，不同系列的电阻其精度不同。一般而言，精度越高，价格越贵。在选用电阻时，既要考虑电路精度的要求，也要考虑成本问题。如表 3-2 所示。

表 3-2　电阻器的允许误差等级

等级符号	W	B	C	D	F	G	J	K	M	N
允许误差/%	±0.05	±0.1	±0.2	±0.5	±1	±2	±5	±10	±20	±30

　　（3）额定功率

　　在规定的温度和环境下，电阻器在电路中长时间连续正常工作时允许消耗的最大功率称为电阻器的额定功率。电阻器在超过额定功率下工作时温度会明显升高，电性能也会不稳定，严重时会烧毁。

　　3）电阻器的标注方法

　　电阻器的标称阻值、允许误差、额定功率等需要标注在电阻体上，在较大体积的电阻器上，这些参数指标都可以标注上，而在一些小型化的电阻器上，往往只标上最基本的电阻值。

　　（1）直标法

　　指直接把标称阻值、允许误差、额定功率等技术指标及型号标注在电阻上。标出的阻值一般包含有单位，未标出为"Ω"。

　　如图 3-10 所示，这个电阻的标称阻值为 5Ω，额定功率 2W，英文字母 J 代表允许误差，其大小为 ±5%。

　　（2）数码法

指用 3 位阿拉伯数字表示，前两位表示电阻值的有效数，第 3 位数表示倍乘 10^N（有效值后 0 的个数），N 取 0～8，9 是个特列，相当于 10^{-1}。

如图 3-11 所示，223 表示 $22 \times 10^3 = 22000\Omega = 22k\Omega$。

图 3-10　阻值直标法　　　　　　　　　　图 3-11　数码法表示电阻值

（3）文字符号法

指将数字和文字符号按一定的规律组合标注在电阻体上，来表示电阻器的标称阻值及允许误差等级。例如 3R7J，最左边的数字 3 表示阻值的整数部分，文字符号 R 代表电阻单位，文字符号 R 后面的数字 7 表示阻值的小数部分，最右边的 J 表示电阻器的允许误差，所以 3R7J 表示该电阻标称阻值为 3.7Ω，允许误差为 ±5%。又如，6K8F 表示标称阻值为 6.8kΩ，允许误差为 ±1%。

（4）色标法

将电阻器的标称阻值和允许误差用不同颜色的色环标注在其外表面上。常见的色环电阻有四色环电阻和五色环电阻两种。如图 3-12 所示。

① 四色环电阻标注法　4 个色环中前 2 个色环表示有效值，第 3 个色环表示倍乘，第 4 个色环表示允许误差，阻值单位是 Ω。图中所示的电阻器的标称阻值为 $22 \times 10^0 = 22\Omega$，允许误差为 ±5%。

② 五色环电阻标注法　5 个色环中前 3 个色环表示有效值，第 4 个色环表示倍乘，第 5 个色环表示允许误差，阻值单位是 Ω。图中所示的电阻器的标称阻值为 $470 \times 10^{-1} = 47\Omega$，允许误差为 ±1%。

③ 如何辨别误差环　要正确地读出电阻的标称阻值，最重要的是找到误差环，这样才能找到读数的起始位置。找出误差环可用以下几种方法。

a. 一般误差色环离倍乘色环相对较远，粗细和另外几条色环也不同。

b. 四色环电阻的误差色主要是金、银；五色环电阻的误差色主要是棕、红、绿、蓝、紫。

c. 对于五色环电阻，会经常遇到上述方法判断不了的情况，如"棕、棕、黑、棕、棕"的五色环电阻，可能会发现五个色环的间距、粗细完全一样，两头都是棕色，都有可能是误差，这时就只有借助万用表了。

4）电阻器的检测

（1）光敏电阻的检测

① 检测暗电阻　用一物体将光敏电阻的透光窗口遮住，并用万用表测量其阻值，其阻值接近无穷大。暗电阻阻值越大说明光敏电阻器性能越好。若阻值很小或接近零，说明此光敏电阻已烧穿损坏。

② 检测亮电阻　将一光源对准光敏电阻的透光窗口，此时其阻值明显减小。亮电阻阻

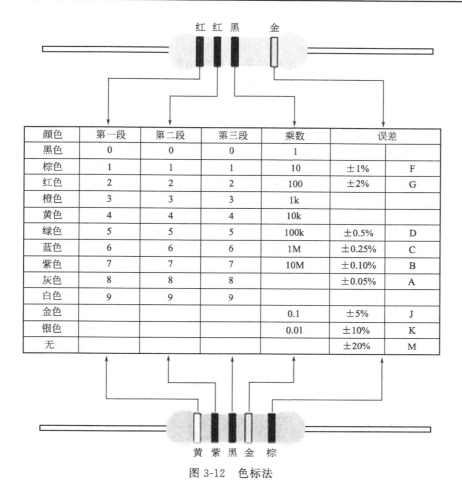

图 3-12　色标法

值越小说明光敏电阻性能越好。如阻值很大甚至为无穷大，表明此光敏电阻器内部开路损坏。

③ 检测灵敏性　将光敏电阻透光窗口对准入射光线，用一物体在光敏电阻的透光窗口上来回晃动，使其间断受光，此时万用表指针随光线强弱的变化而左右摆动。如果万用表指针始终停在某一位置不动，说明此光敏电阻的光敏材料已经损坏。

（2）热敏电阻

① 常温检测　在 25℃左右的室温下，将万用表两表笔接触热敏电阻的引脚测出其实际阻值，与标称阻值相对比，两者相差在 2Ω 内即为正常。如果相差过大，则说明其性能不良或已损坏。

② 加温检测　用小功率电烙铁靠近热敏电阻对其加热，同时用万用表测量其电阻值，PTC 热敏电阻随温度的升高阻值增大，NTC 热敏电阻随温度的升高阻值减小，说明热敏电阻正常；若阻值无变化或变化很小，说明热敏电阻已损坏或功能失效。

（3）压敏电阻

用万用表测量压敏电阻两引脚间的绝缘电阻，应为无穷大，否则说明漏电。若所测得的电阻很小，则说明压敏电阻已经损坏。

（4）电位器

检查电位器时，首先要转动旋柄，看转动是否灵活平滑，转动时活动触点产生的声音要小，手感要好。

① 测量电位器标称阻值　用万用表的欧姆挡测电位器的两个固定端的阻值，其读数应为电位器的标称阻值，如果阻值与标称阻值相差很多或者阻值为零或无穷大，则表明电位器已损坏。

② 检测电位器的活动触点接触是否良好　用万用表的表笔分别接滑动端和任一固定端，将电位器的转轴按逆时针方向旋转到底，这时的电阻值越小越好；再顺时针慢慢旋转转轴，万用表的指针应平稳摆动，电阻值应逐渐增大，最终应接近电位器的标称阻值。如果万用表的指针在电位器的转动过程中有跳动现象，说明活动触点与电阻片接触不良。

3.1.2　电容器

电容器是储能元件，在电路中有通交流隔直流、通高频隔低频的作用，它对电流阻碍作用的大小与通过它的电流频率有关，频率越高阻碍越小。电容用字母 C 表示，常用单位是法拉（F）、微法（μF）、皮法（pF）。

1）常见电容器

（1）瓷介电容器

如图 3-13 所示，其体积小，耐热性好，损耗小，绝缘电阻高，但容量小，一般在 1μF 以下。瓷介电容有高频和低频两类，高频瓷介电容常用于高频和脉冲电路；低频瓷介电容常用于旁路、耦合等低频电路。电极无正负之分。

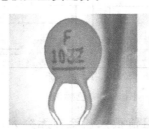

图 3-13　瓷介电容器

（2）铝电解电容

如图 3-14 所示，铝电解电容是以金属为正极，电解液为负极。优点：容量大。缺点：耐压较低，漏电和损耗较大。电解电容的电极有正负之分，最简单的区别方法就是观察电容的两个引脚，"长正短负"。铝电解电容常用于耦合电路、隔直流电路、滤波电路等。

图 3-14　铝电解电容

（3）钽电解电容

如图 3-15 所示，钽电解电容的性能优异，是所有电容器中体积小而又能达到较大电容量的产品，容易制成适于表面贴装的小型和片型元件，适应了目前电子技术自动化和小型化发展的需要。钽电解电容和铝电解电容相比，其体积更小，寿命长，绝缘电阻高，漏电流小。钽电容器不仅在军事通信、航天等领域广泛使用，而且还在工业控制、影视设备、通信仪表等产品中大量使用。

图 3-15　钽电解电容

图 3-16　云母电容

（4）云母电容

如图 3-16 所示，云母电容是性能优良的高频电容之一，它的特点是介质损耗小，绝缘电阻大，温度系数小，适宜用于高频电路。

（5）可变电容器

如图 3-17 所示，可变电容器是一种电容量可以在一定范围内调节的电容器，通常在无线电接收电路中作调谐电容器用。

图 3-17　可变电容器

2）电容器的主要技术指标

（1）标称容量

电容器储存电荷的能力称为电容量，它是电容器的一个主要指标，标称容量也就是标注在电容器上的电容量。

（2）额定直流工作电压

电容器在电路中能长期正常工作所能承受的最高直流电压，称为电容器的额定直流工作电压，也叫做耐压值，是电容器的主要指标之一。常用电容器的耐压值有 16V、25V 等。使用中应保证加在电容器两端的电压不超过其耐压值，否则会损坏电容器。

（3）绝缘电阻

理想的电容器，两极板之间电阻应为无穷大，但是任何介质都不是绝对的绝缘体，所以它的电阻不可能是无穷大，而是有一个很大的数值，一般在几百兆欧以上。这个电阻称为电容器的绝缘电阻或漏电电阻。绝缘电阻越大，表明电容器的质量越好。

（4）允许误差

电容器实际电容量与标称容量允许的最大偏差范围，称为电容器的允许误差。电解电容器的标称容量和误差等级如表 3-3 所示。

表 3-3　电解电容器的标称容量和误差等级

标称容量/μF	1、1.5、2.2、3.3、4.7、6.8
允许误差	$\pm 10\%$(K)、$\pm 20\%$(M)、$\pm(50\%\sim 20\%)$(S)、$\pm(100\%\sim 10\%)$(R)

3）电容器的标注方法

电容器有电容量、耐压值、允许误差等电参数，根据电容器体积的大小，在电容器上标注的性能指标多少有些区别，但至少会标注电容量这个基本参数。电容器的标注方式和电阻器相似，常用标注方式有以下四种。

（1）直标法

指直接把电容器的标称容量、允许误差、耐压值等标注在电容器上。铝电解电容就是使用这种标注方法。如图 3-18 所示，这个铝电解电容的标称容量是 4700μF，耐压值是 50V。

<table>
<tr><td align="center">图 3-18　直标法标注电容值</td><td align="center">图 3-19　数码法标注电容值</td></tr>
</table>

（2）文字符号法

与电阻器的文字符号法相似，文字符号既代表小数点又代表单位。例如，标注为 $2\mu 2$ 的电容器，其容量为 2.2μF。

（3）数码法

一般用 3 位阿拉伯数字表示，前两位表示电容值的有效数，第 3 位数表示倍乘 10^N（有效值后 0 的个数），N 取 $0\sim 8$，9 是个特列，相当于 10^{-1}，单位为 pF。如图 3-19 所示，这个瓷介电容的标称容量为 $10\times 10^2 = 1000$pF。

（4）色标法

电容器的这种标注方法与电阻器的色环表示法类似，颜色的含义也相同，前 2 个色环表示有效值，第 3 个色环表示倍乘 10^N，第 4 个色环表示允许误差，阻值单位是 pF。如图3-20 所示。

4）电容器的检测

（1）固定电容器的检测

一般选用指针万用表来检测电容器是否有漏电、内部短路或击穿现象。具体方法如下。

① 欧姆挡量程选择如下。

• 当 $C<1\mu$F 时，选 10kΩ 挡；

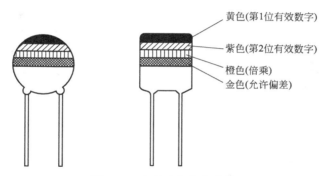

黄色(第1位有效数字)
紫色(第2位有效数字)
橙色(倍乘)
金色(允许偏差)

图 3-20　色标法标注电容值

- 当 $C=(1\sim100\mu F)$ 时，选 1kΩ 挡；
- 当 $C>100\mu F$ 时，选 100Ω 挡。

② 重复检测某一电容器时，每次都要将被测电容器短路一次，其目的是将万用表给电容器充电的电荷释放掉。

③ 用指针万用表检测时故障判断如下。

a. 红黑表笔接触电容两引脚瞬间，如果表盘中的指针先向右偏转，再缓慢向左回归，可以判断这只电容是正常的。

b. 红黑表笔接触电容两引脚，如果表盘中的指针一直不动，可以判断这只电容断路损坏。

c. 红黑表笔接触电容两引脚瞬间，如果表盘中的指针向右偏转后不回归，可以判断这只电容短路损坏。

d. 红黑表笔接触电容两引脚瞬间，如果表盘中的指针向右偏转后立即回归，且阻值小于 500kΩ，可以判断这只电容有漏电现象。

④ 当电容量小于几千皮法时，指针偏转微乎其微，指针万用表难以判断，可使用电容测试仪进行测量。

（2）可变电容器的检测

① 检查机械性能　轻轻旋动转轴，应感觉十分平滑，不应有时松时紧、卡滞的现象。将转轴向前、后、上、下、左、右等各个方向推动时，不应有松动的现象。

② 检查电气性能　将万用表置于 R×10kΩ 挡，一只手将两个表笔分别接可变电容器的动片和定片，另一只手缓缓地旋动转轴，万用表指针应在无穷大位置不动。如果指针有时指零，说明动片和定片之间存在碰片现象；如果某个时刻万用表读数不为无穷大而是出现一定阻值，说明可变电容器存在漏电现象。

3.1.3　电感器

电感器是常用的基本电子元件之一。当电感器中有电流通过时，电感器能储存一定量的磁场能，所以它是储能元件。电感器在电路中具有通直流阻交流、通低频阻高频的作用。电感用字母 L 表示，常用单位有亨利（H）、毫亨（mH）、微亨（μH）。

1）常见电感器

（1）色环电感

如图 3-21 所示，色环电感是一种带磁芯的小型固定电感器，其电感量表示方法与色环电阻器一样。

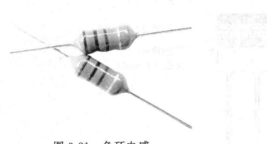

图 3-21　色环电感　　　　　　　　　　　　　图 3-22　空心电感

（2）空心电感

如图 3-22 所示，空心电感常用于高频轭流、分频器、滤波器。

（3）磁芯电感

如图 3-23 所示，带磁芯的电感量比空心电感大。

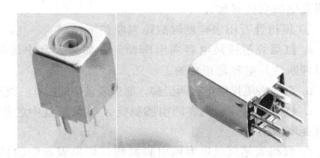

图 3-23　磁芯电感　　　　　　　　　　　图 3-24　中频变压器

（4）中频变压器

如图 3-24 所示中频变压器，俗称"中周"，是超外差式收音机不可缺少的元件。它对接收机的灵敏度、选择性和音质的好坏有很大的影响。中频变压器一般与电容搭配，组成调谐回路。

（5）普通电源变压器

如图 3-25 所示，电源变压器是根据互感原理制成的一种常用电子器件。其作用是把市电 220V 交流电变换成需要的、高低不同的交流电压供有关仪器设备使用。

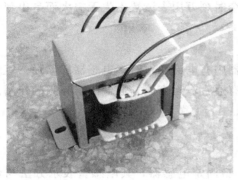

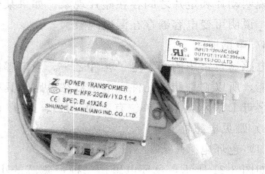

图 3-25　普通电源变压器

2）电感器的主要技术指标

（1）标称电感量

电感量又叫自感系数，它是描述电感线圈具有自感能力大小的物理量，它的大小与线圈的匝数、有无磁芯及磁芯的材料、线圈的体积等有关，匝数越多、体积越大、磁芯磁导率越大，则电感量就越大。标称电感量就是标注在电感器上的电感量。

（2）允许误差

电感器上标称的电感量与实际电感量的最大允许偏差，称为电感器的允许误差。用于振荡等电路中的电感器精度要求较高，一般允许偏差为±（0.2％～0.5％）；而用于耦合、高频阻流等电路中的电感器精度要求相对较低，允许偏差为±（10％～20％）。

（3）品质因数

品质因数指电感器在某一频率的交流电压下，所呈现的感抗与其等效损耗电阻之比。它是电感器的一个重要参数，品质因数越高，其损耗越小，效率越高。

（4）额定电流

指电感器长时间正常工作允许通过的最大电流，如果电感器的工作电流超过额定电流，线圈会发热严重或被烧毁。

3）电感器的标注方法

电感器的标注方法与电阻器、电容器相似。

（1）直标法

例如，标注有"330μHK"的电感器，其标称电感量为330μH，字母 K 表示允许误差为±10％。

（2）文字符号法

采用这种标示方法的通常是一些小功率电感器，例如，"2R7"，表示其电感量为2.7μH。

（3）数码法

常用于贴片电感器上，单位为μH。例如，标注有"103J"的电感器，其标称电感量为$10\times10^3=10000\mu H=10mH$，字母 J 表示允许误差为±5％。

（4）色标法

电感器的这种标注方法与电阻器的色环表示法类似，颜色的含义也相同，前 2 个色环表示有效值，第 3 个色环表示倍乘10^N，第 4 个色环表示允许误差，基本单位是"微亨"。

4）电感器的检测

（1）色环电感

将万用表置于 R×1 挡，红黑表笔分别接电感器的两个引脚，此时可以测量出其电阻值。根据测出的电阻值大小，可分两种情况进行鉴别。

① 被测色环电感电阻值为零　这种情况说明电感器内部线圈有短路性故障。注意，测试操作时，一定要先认真将万用表调零，并仔细观察指针向右摆动的位置是否确实到达 0 位，以免造成误判。当怀疑色环电感内部有短路性故障时，最好是用 R×1 挡反复多测几次，这样才能作出正确的判断。

② 被测色环电感电阻值为无穷大　说明电感器内部的线圈或引脚与线圈接点处发生了断路性故障。

（2）中频变压器

① 检测中频变压器绕组通断情况　将万用表拨至 R×1 挡，按照中周变压器的各绕组引脚排列规律，逐一检查各绕组的通断情况，进而判断其是否正常。

② 检测绝缘性能　将万用表置于 R×10k 挡，做如下几种状态测试。

a. 初级绕组与次级绕组之间的电阻值。

b. 初级绕组与外壳之间的电阻值。

c. 次级绕组与外壳之间的电阻值。

上述测试结果分别出现以下三种情况。

a. 阻值为无穷大：正常。

b. 阻值为零：有短路性故障。

c. 阻值小于无穷大，但大于零：有漏电性故障。

（3）电源变压器的检测

① 通过观察变压器的外貌来检查其是否有明显异常现象　如线圈引线是否断裂、脱焊，绝缘材料是否有烧焦痕迹，铁芯紧固螺杆是否有松动，硅钢片有无锈蚀，绕组线圈是否有外露等。

② 绝缘性测试　用万用表 R×10k 挡分别测量铁芯与初级、初级与各次级、铁芯与各次级、静电屏蔽层与各次级、次级各绕组间的电阻值，万用表指针均应指在无穷大位置不动。否则，说明变压器绝缘性能不良。

③ 线圈通断的检测　将万用表置于 R×1 挡，测试中，若某个绕组的电阻值为无穷大，则说明此绕组有断路性故障。

④ 判别初、次级线圈　电源变压器初级引脚和次级引脚一般都是分别从两侧引出的，并且初级绕组多标有 220V 字样，次级绕组则标出额定电压值，如 15V、24V、35V 等。再根据这些标记进行识别。

⑤ 空载电流的检测

a. 直接测量法。将次级所有绕组全部开路，把万用表置于交流电流挡（500mA），串入初级绕组。当初级绕组的插头插入 220V 交流市电时，万用表所指示的便是空载电流值。此值不应大于变压器满载电流的 10%～20%。一般常见电子设备电源变压器的正常空载电流应在 100mA 左右。如果超出太多，则说明变压器有短路性故障。

b. 间接测量法。在变压器的初级绕组中串联一个 10Ω/5W 的电阻，次级仍全部空载。把万用表拨至交流电压挡。加电后，用两表笔测出电阻 R 两端的电压降 U，然后用欧姆定律算出空载电流 $I_空$，即 $I_空 = U/R$。

⑥ 空载电压的检测　将电源变压器的初级接 220V 市电，用万用表交流电压挡依次测出各绕组的空载电压值（U_{21}、U_{22}、U_{23}、U_{24}）应符合要求值，允许误差范围一般为：高压绕组≤±10%，低压绕组≤±5%，带中心抽头的两组对称绕组的电压差应≤±2%。

3.1.4　晶体二极管

在电子设备中，除了大量使用电阻器、电容器、电感器等线性元器件外，还广泛使用了半导体等非线性器件。

1）常见的二极管

（1）普通二极管

如图 3-26 所示普通二极管，具有单向导电性，有银色环一端是负极，常用于整流、检波等电路中。

图 3-26　普通二极管

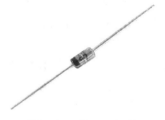

图 3-27　稳压二极管

（2）稳压二极管

如图 3-27 所示，稳压二极管（又叫齐纳二极管）是一种直到临界反向击穿电压前都具有很高电阻的半导体器件。在这临界击穿点上，反向电阻降低到一个很小的数值，在这个低阻区中电流增加而电压则保持恒定。稳压二极管可以串联起来以便在较高的电压上使用，通过串联就可获得更多的稳定电压。

（3）变容二极管

如图 3-28 所示，变容二极管属于反偏压二极管，改变其 PN 结上的反向偏压，即可改变 PN 结电容量，反向偏压越高，结电容则越小，在高频调谐、通信等电路中作可变电容器使用。

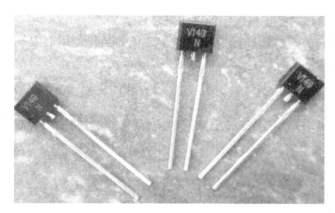

图 3-28　变容二极管

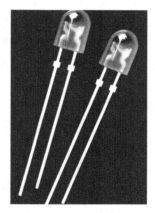

图 3-29　发光二极管

（4）发光二极管

如图 3-29 所示，发光二极管简称为 LED，它可以把电能转化成光能。发光二极管的反向击穿电压约 5V，使用时必须串联限流电阻以控制通过管子的电流，常用在电路及仪器中作为指示灯，或者组成文字或数字显示。

2）二极管的检测

（1）普通二极管的检测

① 极性判别　在使用二极管之前，需要判别二极管的正负极，其中一个简单的方法就是使用数字万用表。

首先将挡位选择开关旋转置于二极管挡位；用红黑表笔测量二极管两引脚间的正向导通

电压值，然后交换表笔再测量一次；如果二极管是好的，两次测量结果完全不同，其中有次显示为溢出符号"1"，另外一次显示"150～700"的数字，以显示"150～700"数字的那次为准，红表笔所接的端为正极，黑表笔所接的端为负极。

②好坏的判别　用万用表的欧姆挡测量二极管的正向和反向电阻，测得的两阻值相差越大，说明二极管质量越好。若测得二极管正、反向电阻值都很大，则说明其内部断路；若测得二极管正、反向电阻值都很小，则说明其内部短路；若测得二极管正、反向电阻值差别不大，则说明其失去了单向导电的功能。

（2）稳压二极管的检测

①极性判别　判别稳压二极管正、负极的方法与判别普通二极管正、负极的方法相同。

②稳压值的测量　将指针万用表置于 R×10k 挡，并准确调零，红表笔接被测二极管的正极，黑表笔接被测二极管的负极，待指针摆动停止时，从万用表直流 10V 电压刻度尺上读出数据，然后用下列公式计算被测二极管的稳压值。

$$U＝(10V－读出的数据)×1.5$$

（3）变容二极管的检测

①极性判别　判别稳压二极管正、负极的方法与判别普通二极管正、负极的方法相同。

②好坏的判别　用指针式万用表的 R×10k 挡测量变容二极管的正、反向电阻值。正常的变容二极管，其正、反向电阻值均为∞（无穷大）。若被测变容二极管的正、反向电阻值均有一定阻值或均为 0，则是该二极管漏电或击穿损坏。

（4）发光二极管的检测

①极性判别　发光二极管引脚长的那端是正极，短的那端是负极。

②好坏的判别　首先将数字万用表的挡位选择开关旋转置于二极管挡位，用红表笔接被测二极管的正极，黑表笔接被测二极管的负极，如果二极管是好的，会发光，否则就是坏的。

3.1.5　晶体三极管

三极管是各种电子设备中的常用元器件，它是一种电流控制型器件，在电路中主要起放大和开关作用。

1）三极管的分类

小功率三极管，如图 3-30 所示。

图 3-30　小功率三极管

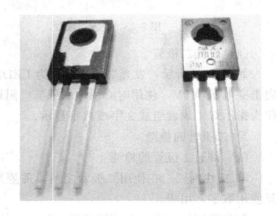

图 3-31　中功率三极管

中功率三极管，如图 3-31 所示。

大功率三极管，如图 3-32 所示。

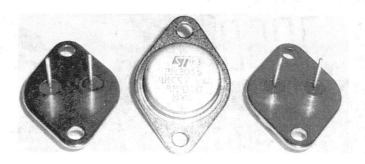

图 3-32　大功率三极管

2）三极管的测量

主要是判断三极管的三个电极、管型及材料，并测量三极管的 β 值。

① 基极和管型的判别　将数字万用表挡位选择开关旋转置于二极管挡位，如图 3-33 所示。用红表笔接假设的基极，黑表笔依次接触另外两个引脚，如图 3-34 和图 3-35 所示。

图 3-33　挡位选择开关旋转置于二极管挡位

图 3-34　黑表笔接触一个引脚

如果两次显示值均小于 1V，则红表笔所接的引脚就是基极 B，并且三极管为 NPN 型；

图 3-35　黑表笔接触另一个引脚

如果在两次测试中，一次显示值小于 1V，另外一次显示溢出符号 "1"，则表明红表笔接的引脚不是基极 B，此时应假设其他引脚为基极并重新测量，直到找出基极为止。

如果 3 个引脚在测试完后发现都不是基极，那么可以判断该三极管为 PNP 型，并改用黑表笔接假设的基级，用红表笔依次接触另外两个引脚；如果两次显示值均小于 1V，则黑表笔所接的引脚就是基极 B。

② 发射极和集电极的判别　将数字万用表挡位选择开关旋转置于 h_{FE} 挡，如图 3-36 所示。

根据前面所测得的基极和管型，将其插入到对应的插孔中。如果显示的是不为零的数，如图 3-37 所示，那么所读出的数据就是三极管的 β 值，这时根据孔上的标注就能清楚地判别出集电极和发射极。

图 3-36　挡位选择开关旋转置于 h_{FE} 挡

图 3-37　显示三极管的 β 值

如果显示的数字为零，则说明将三极管插入了错误的孔，那么拔出三极管并重新插入另外的孔中，直到显示不为零的数为止。

③ 材料的判别　用红表笔接基极，用黑表笔先接触其他两个引脚，如果显示屏上的数值都显示为 0.6～0.8V，则被测管属于中、小功率硅管；如果显示屏上的数值都显示为 0.4～0.6V，则被测管属于大功率硅管。在上述测量过程中，如果显示屏上的数值都显示小于 0.4V，则被测管属于锗管。

任务 3.2　常用表面组装（SMT）元器件的识别与检测

表面组装元器件又称为片式元器件，也称为贴片元器件。电子组件的小型化、制造与安装自动化，是电子工业发展的需求和多年来追求的目标，表面组装元器件就是为了满足这一需求而产生的。目前，表面组装元器件被广泛应用于计算机、移动通信等电子设备中。

表面组装元器件与传统的元器件相比，其特点如下。

① 尺寸小、重量轻，能进行高密度组装，使电子设备小型化、轻量化和薄型化。

② 焊端无引线，减少了寄生电感和电容，不但高频特性好，而且贴装后几乎不需要调整。

③ 形状简单、结构牢固，不怕振动、冲击。

④ 尺寸和形状标准化，能够采取自动贴片机进行自动贴装，效率高、可靠性高，便于大批量生产。

表面组装元器件除了外表比较特别外，其电气性能和前面章节讲过的普通元器件一样。下面来简单认识下各种贴片元件。

3.2.1　片式电阻

表面组装电阻器一般为黑色。外形稍大的贴片电阻在外表标注阻值；外形太小的表面未标注电阻值，而是标记在包装袋上。如图 3-38 所示。

当片式电阻精度为 ±5% 时，采用 3 个数字表示。阻值小于 10Ω，在两个数字之间补加 "R" 表示；阻值在 10Ω 以上的，则最后一数值表示增加的零的个数。例如 4.7Ω 记为 4R7。当片式电阻值精度为 ±1% 时，则采用 4 个数字表示，前面 3 个数字为有效数字，第四位表示增加的零的个数。阻值小于 10Ω 的，仍在第二位补加 "R"，阻值为 100Ω，则在第四位补 "0"。例如 4.7Ω 记为 4R70；100Ω 记为 1000；1MΩ 记为 1004；10Ω 记为 10R0。

贴片电阻的检测方法与普通电阻的检测方法基本相同。

图 3-38　片式电阻

图 3-39　片式电位器

3.2.2　片式电位器

如图 3-39 所示，表面组装电位器又称片式电位器，包括片状、圆柱状、扁平矩形结构等各类电位器。它在电路中起调节电路电压和电流的作用。贴片电位器的检测方法与普通电位器的检测方法基本相同。

3.2.3　片式电容

1) 片式瓷介电容器

如图 3-40 所示片式瓷介电容器性能和检测方法与普通瓷介电容器基本相同。

图 3-40　片式瓷介电容器　　　　　　　　图 3-41　片式铝电解电容器

2) 片式铝电解电容器

如图 3-41 所示片式铝电解电容器性能和检测方法与普通铝电解电容器基本相同。

3) 片式钽电解电容器

如图 3-42 所示片式钽电解电容器性能和检测方法与普通钽电解电容器基本相同。

图 3-42　片式钽电解电容器

4) 其他片式电容器

其他片式电容器如图 3-43 所示。

3.2.4　片式电感

1) 绕线型片式电感

如图 3-44 所示，绕线型片式电感是传统绕线电感小型化的产物，用端电极取代了传统的插装式电感的引线，以便表面组装。

2) 多层型片式电感

如图 3-45 所示，采用多层印刷技术和叠层生产工艺制作，体积比绕线型片式电感还要小，是电感元件领域重点开发的产品。

3) 其他片式电感

其他片式电感如图 3-46 所示。

贴片式电容器

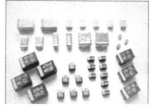

固体钽电解片
式电容器

多层片状独石电容器

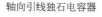

轴向引线独石电容器

普通电容器

矩形电解电容器

金属钽电解电容器

固体钽电容器

高频陶瓷贴片微调电容器

高压贴片电容器

贴片微调电位器: 3214系列100K

图 3-43　其他片式电容器

图 3-44　绕线型片式电感　　　　　　　　　　图 3-45　多层型片式电感

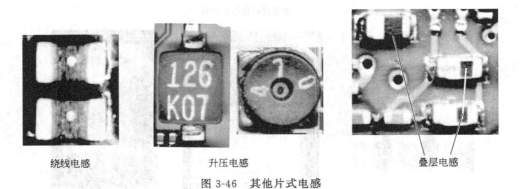

绕线电感　　　　　　　　　升压电感　　　　　　　　　叠层电感

图 3-46　其他片式电感

3.2.5　片式二极管

1）贴片二极管

如图 3-47 所示，贴片二极管的检测与普通二极管相同，使用万用表测试时，测正、反向电阻宜选择 R×1k 挡。

图 3-47　贴片二极管

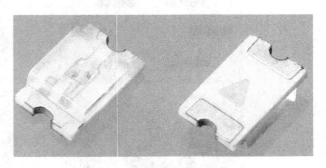

图 3-48　片式发光二极管

2）片式发光二极管

如图 3-48 所示，片式发光二极管的测量方法和普通型一样。

3.2.6　片式三极管

如图 3-49 所示，贴片三极管跟普通型一样，也分为小功率管、中功率管和大功率管。

图 3-49　片式三极管

任务 3.3　常用集成电路的识别与检测

集成电路是一种微型电子器件或部件。采用一定的工艺，把一个电路中所需的晶体管、二极管、电阻、电容和电感等元件及布线互连一起，制作在一小块或几小块半导体晶片或介质基片上，然后封装在一个管壳内，成为具有所需电路功能的微型结构；其中所有元件在结构上已组成一个整体，使电子元件向着微小型化、低功耗和高可靠性方面迈进了一大步。它在电路中用字母"IC"表示。当今半导体工业大多数应用的是基于硅的集成电路。

3.3.1　集成电路的分类

1）按功能结构分类

集成电路按功能结构可以分为模拟集成电路、数字集成电路和数/模混合集成电路三大类。

模拟集成电路又称线性电路，用来产生、放大和处理各种模拟信号，其输入信号和输出信号成比例关系。

而数字集成电路用来产生、放大和处理各种数字信号，例如 3G 手机、数码相机、电脑CPU、数字电视的逻辑控制和重放的音频信号和视频信号。

2）按集成度高低分类

集成电路按集成度高低的不同可分为：SSI 小规模集成电路、MSI 中规模集成电路、LSI 大规模集成电路、VLSI 超大规模集成电路、ULSI 特大规模集成电路、GSI 巨大规模集成电路。

3）按导电类型不同分类

集成电路按导电类型可分为双极型集成电路和单极型集成电路，它们都是数字集成电路。

双极型集成电路的制作工艺复杂，功耗较大，代表集成电路有 TTL 等类型。单极型集成电路的制作工艺简单，功耗也较低，易于制成大规模集成电路，代表集成电路有 CMOS 等类型。

3.3.2　常见集成电路的封装形式

集成电路封装不仅起到集成电路芯片内键合点与外部进行电气连接的作用，也为集成电路芯片提供了一个稳定可靠的工作环境，对集成电路芯片起到机械或环境保护的作用，从而使集成电路芯片能够发挥正常的功能，并保证其具有高稳定性和可靠性。总之，集成电路封装质量的好坏，对集成电路总体性能的优劣关系很大。因此，封装应具有较强的力学性能，良好的电气性能、散热性能和化学稳定性。

1）DIP（双列直插式封装）

如图 3-50 所示是集成电路最普及的插装型封装，引脚从封装两侧引出，封装材料有塑料和陶瓷两种。应用范围包括标准逻辑 IC、存储器 LSI、微机电路等。引脚中心距2.54mm，引脚数为 6～64。

图 3-50　双列直插式封装 DIP　　　　　　　　图 3-51　小外形封装 SOP

2）SOP（小外形封装）

如图 3-51 所示，小外形封装是表面贴装型封装技术之一，引脚从封装两侧引出呈海鸥翼状（L 字形）。材料有塑料和陶瓷两种。引脚中心距 1.27mm，引脚数为 8～44。

3）QFP（方形扁平封装）

如图 3-52 所示，方形扁平封装是表面贴装型封装技术之一，引脚从四个侧面引出呈海鸥翼状（L 字形）。基材有陶瓷、金属和塑料三种，从数量上看，塑料封装占绝大部分。QFP 不仅用于微处理器、门阵列等数字逻辑电路，而且也用于信号处理、音响信号处理等模拟电路。引脚中心距有 1.0mm、0.8mm、0.65mm、0.5mm、0.4mm、0.3mm 等多种规格。0.65mm 中心距规格中，最多引脚数为 304。

图 3-52　方形扁平封装 QFP　　　　　　　　图 3-53　球栅阵列封装 BGA

4）BGA（球栅阵列封装）

如图 3-53 所示，球栅阵列封装是表面贴装型封装技术之一。BGA 封装的 I/O 端子以圆形或柱状焊点按阵列形式分布在封装下面。BGA 技术的优点是：I/O 引脚数虽然增加了，但引脚间距并没有减小，反而增加了，从而提高了组装成品率；虽然它的功耗增加，但 BGA 能用可控塌陷芯片法焊接，从而可以改善它的电热性能；厚度和重量都较以前的封装技术有所减少；寄生参数减小，信号传输延迟小，使用频率大大提高；组装可用共面焊接，可靠性高。

5）PLCC（有引线塑封芯片载体）

如图 3-54 所示，有引线塑封芯片载体是表面贴装型封装技术之一。引脚从封装的四个侧面引出，呈丁字形，是塑料制品，具有外形尺寸小、可靠性高的优点。引脚中心距 1.27mm，引脚数为 18～84。丁字形引脚不易变形，比 QFP 容易操作，但焊接后的外观检查较为困难。

图 3-54　有引线塑封芯片载体 PLCC

6）裸芯片

由于大规模集成电路、超大规模集成电路的迅速发展，芯片的工艺特征尺寸达到深亚微米（0.25μm），芯片尺寸达到 20mm×20mm 以上，其 I/O 数已超过 1000 个，但是，芯片封装却成了一大难题，人们力图将它直接封装在 PCB 上。通常采用的封装方法有两种：一种是 COB 法，另一种是倒装焊法。适用 COB 法的裸芯片又称为 COB 芯片，后者则称为 Flip Chip，简称 FC，两者的结构有所不同。

（1）COB（板上芯片封装）

图 3-55 所示是裸芯片贴装技术之一，半导体芯片交接贴装在印刷线路板上，芯片与基板的电气连接用引线缝合方法实现，并用树脂覆盖以确保可靠性。

COB 工艺制造芯片内部结构如图 3-56 所示。

图 3-55　板上芯片封装 COB　　　　　图 3-56　COB 工艺制造芯片内部结构

（2）FC 倒装片

如图 3-57 所示是裸芯片封装技术之一，它是将带有凸点电极的电路芯片面朝下（倒装），使凸点成为芯片电极与基板布线层的焊点，经焊接实现牢固的连接。这一组装方式也称为 FC 法。它具有工艺简单、安装密度高、体积小、温度特性好以及成本低等优点，尤其适合制作混合集成电路。

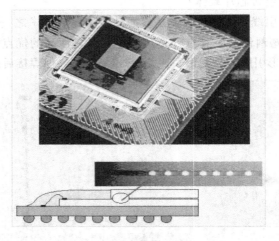

图 3-57　FC 倒装片

3.3.3　集成电路使用和检测

1）集成电路引脚顺序的识别

在集成电路的外壳上都有供识别引脚排序的定位标记，例如常用的双列直插式集成电路外壳上通常有弧形缺口或圆形凹点。

将 IC 正面的字母、代号面对自己，使定位标记朝向左下方，则处于左下方的引脚是 1 号引脚，然后沿逆时针方向依次为 2、3、4……如图 3-58～图 3-60 所示。

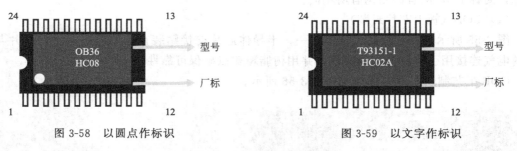

图 3-58　以圆点作标识　　　　　　　图 3-59　以文字作标识

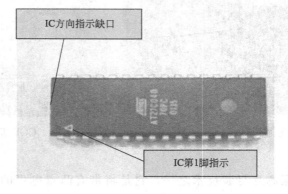

图 3-60　以丝印作标识

　　集成电路是有方向区分的，根据集成电路的封装形式及生产厂家的不同，集成电路的方向有不同的表示方法。如图 3-61～图 3-65 所示。

　　国际上采用 IC 脚位的统一标准：将 IC 的方向标示朝左边，靠近自己一边的引脚从左至右为第 1 脚至第 N 脚，远离自己的一边从右至左为第 $N+1$ 脚至最后一脚（即以标示位对应的第 1 脚开始，逆时针数脚）。

图 3-61　以缺口为标示

图 3-62　以标示线为标示

图 3-63　以圆点为标示

图 3-64　以斜切角为标示

图 3-65　以小圆点为标示

　　2）电路的测量

　　（1）未焊接在 PCB 板上的集成电路

　　在这种情况下，可以使用集成电路测试仪。它是用于集成电路设计、验证、生产测试的专用仪器，按测试门类可分为数字集成电路测试仪、存储器测试仪、模拟与混合信号电路测试仪、在线测试系统和验证系统等，如图 3-66 所示。

　　（2）焊接在 PCB 板上的集成电路

　　① 电阻测量法　用万用表的红表笔接集成电路的接地脚，用黑表笔分别接剩下的引脚，测量其对地电阻；然后用黑表笔接集成电路的接地脚，用红表笔分别接剩下的引脚，测量其对地电阻。将测量的结果与正常的集成电路阻值对比（正常的阻值可通过资料获得），好的集成电路电阻值应该与正常值基本符合。

　　② 电压测量法　在通电的状态下测量各引脚的对地直流电压，将测量结果与电路图或有关资料给出的参考电压值比较，好的集成电路电压值应该与参考值基本符合。

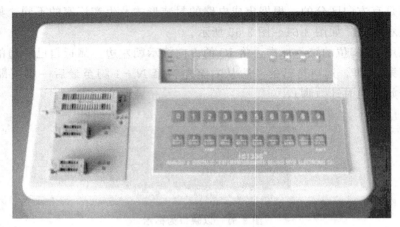

图 3-66　集成电路测试仪

任务 3.4　常用机电元器件的识别与检测

机电元器件是指利用机械的或电的方式使电路接通、分断、换接和控制等的元器件，包括电子设备用继电器、连接器、开关等。

3.4.1　连接器

连接器，国内亦称作接插件、插头和插座，一般是指电连接器，即连接两个有源器件的器件，传输电流或信号。它的作用非常单纯：在电路内被阻断处或孤立不通的电路之间，架起沟通的桥梁，从而使电流流通，使电路实现预定的功能。

1）连接器的优点

（1）改善生产过程

接插件简化电子产品的装配过程，也简化了批量生产过程。

（2）易于维修

如果某电子元部件失效，装有接插件时可以快速更换失效元部件。

（3）便于升级

随着技术进步，装有接插件时可以更新元部件，用新的、更完善的元部件代替旧的。

（4）提高设计的灵活性

使用接插件使工程师们在设计和集成新产品，以及用元部件组成系统时，有更大的灵活性。

2）连接器的分类

（1）射频同轴连接器

如图 3-67 所示射频同轴连接器是装接在电缆上或安装在仪器上的一种元件，作为传输线电气连接或分离的元件。它属于机电一体化产品。简单地讲，它主要起桥梁作用。

（2）印制电路接插件

印制电路接插件如图 3-68 所示。

（3）光纤连接器

如图 3-69 所示光纤连接器，是光纤与光纤之间进行可拆卸（活动）、连接的器件，它把光纤的两个端面精密对接起来,以使发射光纤输出的光能量能最大限度地耦合到接收光纤中去,并使由于其介入光链路而对系统造成的影响减到最小。在一定程度上讲,光纤连接器影响了光传输系统的可靠性和各项性能。

图 3-67　射频同轴连接器

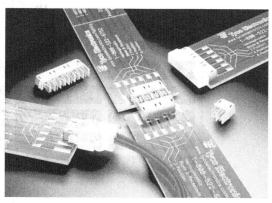

图 3-68　印制电路接插件

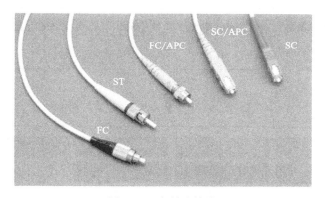

图 3-69　光纤连接器

3) 连接器常见的检测项目及检验顺序

连接器常见的检测项目及检验顺序如图 3-70 所示。

3.4.2　开关

开关是指一个可以使电路开路、使电流中断或使其流到其他电路的电子元件。最常见的开关是让人操作的机电设备,其中有一个或数个电子接点。接点的"闭合"表示电子接点导通,允许电流流过;开关的"开路"表示电子接点不导通形成开路,不允许电流流过。

1) 常见的开关

(1) 单刀双掷开关

如图 3-71 所示的单刀双掷开关是由动端和不动端组成。动端就是所谓的"刀",它应该连接电源的进线,也就是来电的一端,一般也是与开关的手柄相连的一端;另外的两端就是电源输出的两端,也就是所谓的不动端,它们是与用电设备相连的。它的作用是可以控制电源向两个不同的方向输出,也就是说可以用来控制两台设备;或者也可以控制同一台设备作转换运转方向使用。

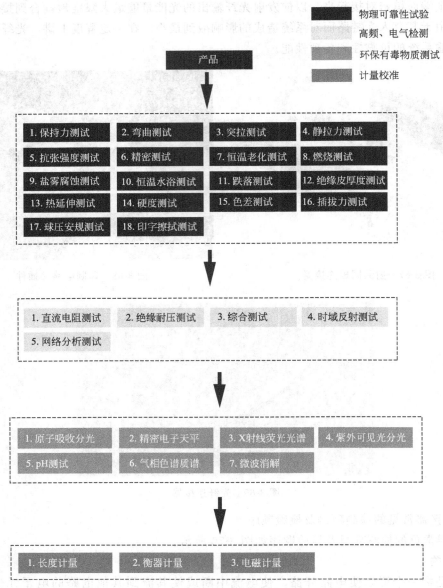

图 3-70　连接器的检测流程

图 3-71　单刀双掷开关

图 3-72　轻触开关

（2）轻触开关

如图 3-72 所示轻触开关，使用时轻轻点按开关按钮就可使开关接通，当松开手时开关即断开。其内部结构是靠金属弹片受力弹动来实现通断的。

轻触开关由于体积小、重量轻，在电器方面得到广泛的应用。如影音产品、数码产品、遥控器、通信产品、家用电器、安防产品、玩具、电脑产品、医疗器材、汽车按键等。

（3）延时开关

延时开关是为了节约电力资源而开发的一种新型的自动延时电子开关，省电、方便，主要用于楼梯间、卫生间等场所。

延时开关中有触摸式延时开关、声光延时开关等。只要用手摸一下开关的触摸片或给声音信号就自动照明。当人离开，在 30～75s 内自动关闭，为国家能源部极力推荐产品。

① 声光延时开关　声光延时开关是由几个声控开关、光控开关和灯泡串联而成。当有光线时，光敏开关断开，当无光线时，光敏开关闭合。然后，当有声音产生时，声敏开关闭合，从而形成通路，使灯泡点亮。如图 3-73 所示。

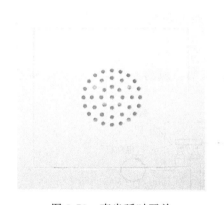

图 3-73　声光延时开关

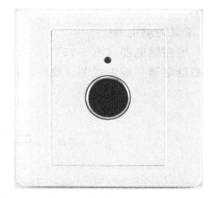

图 3-74　触摸式延时开关

② 触摸式延时开关　触摸式延时开关利用的是与试电笔同样的原理，即在人体和电源间串联一个很大的电阻，这样，通过人体会形成一个低电压的电流（电压低，但电流并不一定小），最终流入大地，形成触发回路，这样，就可以触发延时开关开始计时，并接通电灯主回路，灯就亮了。如图 3-74 所示。

（4）光电开关

如图 3-75 所示光电开关是光电接近开关的简称，它是利用被检测物对光束的遮挡或反射，由同步回路选通电路，从而检测物体有无的。物体不限于金属，所有能反射光线的物体均可被检测。光电开关将输入电流在发射器上转换为光信号射出，接收器再根据接收到的光线的强弱或有无对目标物体进行探测。

光电开关已被用作物位检测、液位控制、产品计数、宽度判别、速度检测、自动门传感、色标检出、冲床和剪切机以及安全防护等诸多领域。此外，利用红外线的隐蔽性，还可在银行、仓库、商店、办公室以及其他需要的场合作为防盗警戒之用。

2）检测方法

开关接触不良的故障可以通过万用表测量开关接通电阻来判别。具体方法是：用万用表 R×1 挡测各组开关中的刀触片与定触片之间的接触电阻。

图 3-75　光电开关　　　　　　　　　　图 3-76　电磁继电器

3.4.3　继电器

继电器是一种电控制器件，它具有控制系统（又称输入回路）和被控制系统（又称输出回路）之间的互动关系，通常应用于自动化的控制电路中，它实际上是用小电流去控制大电流运作的一种"自动开关"，故在电路中起着自动调节、安全保护、转换电路等作用。

1）常见的继电器

（1）电磁继电器（图 3-76）

电磁继电器一般由铁芯、线圈、衔铁、触点、弹簧等组成的。结构如图 3-77 所示。

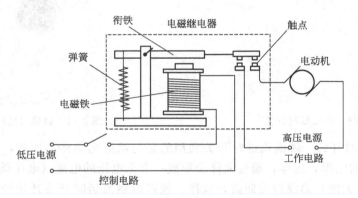

图 3-77　电磁继电器内部结构

对于继电器的"常开"、"常闭"触点，可以这样来区分：继电器线圈未通电时处于断开状态的静触点称为"常开触点"，处于接通状态的静触点称为"常闭触点"。

（2）时间继电器

如图 3-78 所示时间继电器，是在电路中对动作时间起控制作用的继电器。它得到输入信号后，需经过一定的时间，其执行机构才会动作并输出信号，对其他电路进行控制。

① 通电延时型时间继电器　在获得输入信号后，立即开始延时，待延时时间 t 完毕后，其执行部分输出信号以操纵控制电路；输入信号消失后，立即恢复到动作前的状态。

② 断电延时型时间继电器　在获得输入信号后，执行部分立即输出信号；而在输入信号消失后，继电器却需要延时时间 t 后，才能恢复到动作前的状态。

（3）固态继电器

如图 3-79 所示固态继电器，是具有隔离功能的无触点电子开关，在开关过程中无机械接触部件，因此固态继电器除具有与电磁继电器一样的功能外，还具有逻辑电路兼容、耐振、耐机械冲击、安装位置无限制、输入功率小、灵敏度高、控制功率小、电磁兼容性好、噪声低和工作频率高等特点。

图 3-78　时间继电器

图 3-79　固态继电器

固态继电器目前已广泛应用于计算机外围接口设备、恒温系统、调温、电炉加温控制、电机控制、数控机械、遥控系统、工业自动化装置、信号灯、调光、闪烁器、照明舞台灯光控制系统等。

2）继电器主要产品技术参数

（1）额定工作电压

额定工作电压是继电器正常工作时线圈所需要的电压。根据继电器的型号不同，可以是交流电压，也可以是直流电压。使用时，一般不要超过额定工作电压的 1.5 倍，否则会产生较大的电流而把线圈烧毁。

（2）直流电阻

直流电阻指继电器中线圈的直流电阻。

（3）吸合电流

吸合电流指继电器能够产生吸合动作的最小电流。在正常使用条件下，给定的电流必须略大于吸合电流，这样继电器才能稳定地工作。

（4）释放电流

释放电流指继电器产生释放动作的最大电流。当继电器吸合状态的电流减小到一定程度时，继电器就会恢复到未通电的释放状态，这时的电流远远小于吸合电流。

（5）触点切换电压和电流

触点切换电压和电流指继电器允许加载的电压和电流。它决定了继电器能控制电压和电流的大小，使用时不能超过此值，否则很容易损坏继电器的触点。

3）继电器的检测

（1）测量触点电阻

用万用表的电阻挡测量常闭触点与动点电阻，其阻值应为 0（用更加精确方式可测得触点阻值在 $100\text{m}\Omega$ 以内）；而常开触点与动点的阻值就为无穷大。由此可以区别出哪个是常闭触点，哪个是常开触点。

（2）测量线圈电阻

可用万用表 R×10 挡测量继电器线圈的阻值，从而判断该线圈是否存在着开路现象。

（3）测量吸合电压和电流

找来可调稳压电源和电流表，给继电器输入一组电压，且在供电回路中串入电流表进行监测。慢慢调高电源电压，听到继电器吸合声时，记下该吸合电压和吸合电流。为求准确，可以多试几次求平均值。

（4）测量释放电压和电流

像测量吸合电压和电流那样连接测试，当继电器发生吸合后，再逐渐降低供电电压，当听到继电器再次发生释放声音时，记下此时的电压和电流，亦可多尝试几次取平均的释放电压和释放电流。一般情况下，继电器的释放电压约在吸合电压的 10%～50%，如果释放电压太小（小于 1/10 的吸合电压），则不能正常使用，这样会对电路的稳定性造成威胁，工作不可靠。

任务 3.5 常用控制及电声器件的识别与检测

3.5.1 常用控制元器件

1）光电二极管

（1）光电二极管的性能特点

如图 3-80 所示，光电二极管和普通二极管一样，也是由一个 PN 结组成的半导体器件，也具有单方向导电特性。光电二极管是在反向电压作用下工作的，没有光照时，反向电流极其微弱，叫暗电流；有光照时，反向电流迅速增大到几十微安，称为光电流。光的强度越大，反向电流也越大。光的变化引起光电二极管电流变化，这就可以把光信号转换成电信号，常用在光电转换控制器或测光传感器中

图 3-80 光电二极管

（2）光电二极管的检测

① 电阻测量法 用万用表 R×1k 挡测量。光电二极管正向电阻约 10kΩ。在无光照情况下，反向电阻为 ∞ 时，管子是好的（反向电阻不是 ∞ 时说明漏电流大）；有光照时，反向电阻随光照强度增加而减小，阻值可达到几千欧或 1kΩ 以下，则管子是好的；若反向电阻都是 ∞ 或为零，则管子是坏的。

② 电压测量法 用万用表 1V 挡测量。用红表笔接光电二极管"＋"极，黑表笔接"－"极，在光照下，其电压与光照强度成比例，一般可达 0.2～0.4V。

③ 短路电流测量法　用万用表 $50\mu A$ 挡测量。用红表笔接光电二极管 "+"极,黑表笔接 "-"极,在白炽灯下(不能用日光灯),随着光照增强,其电流增加则是好的,短路电流可达数十至数百微安。

2)可控硅

如图 3-81 所示,可控硅是一种半导体器件,亦称为晶闸管,其具有体积小、结构相对简单、功能强等特点。该器件被广泛应用于各种电子设备和电子产品中,多用来作可控整流、逆变、变频、调压、无触点开关等。家用电器中的调光灯、调速风扇、空调机、电视机、电冰箱、洗衣机、照相机、组合音响、声光电路、定时控制器、玩具装置、无线电遥控、摄像机及工业控制等都大量使用了可控硅器件。

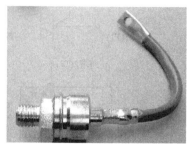

图 3-81　可控硅

(1) 单向可控硅

① 结构　可控硅是四层三端结构元件,共有三个 PN 结,分析原理时,可以把它看作由一个 PNP 管和一个 NPN 管所组成,其等效图如图 3-82 所示。

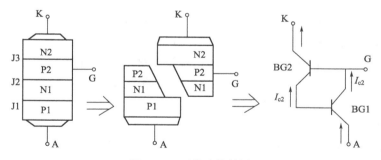

图 3-82　可控硅等效图

② 主要工作特性　要使晶闸管导通,一是在它的阳极 A 与阴极 K 之间外加正向电压,二是在它的控制极 G 与阴极 K 之间输入一个正向触发电压。晶闸管导通后,去掉触发电压,仍然维持导通状态。

要使导通的晶闸管关断,可以断开阳极电源或使阳极电流小于维持导通的最小值(称为维持电流)。如果晶闸管阳极和阴极之间外加的是交流电压或脉动直流电压,那么在电压过零时,晶闸管会自行关断。

③ 极性判别　可以用万用表 R×100 挡来测量。晶闸管 G、K 之间是一个 PN 结,相当于一个二极管,G 为正极、K 为负极,所以,按照测试二极管的方法,找出三个极中的两个极,测它的正、反向电阻,电阻小时,万用表黑表笔接的是控制极 G,红表笔接的是阴极

K，剩下的一个就是阳极 A 了。

④ 好坏判断　将旋钮拨至 R×1 挡测量，对于 1～6A 单向可控硅，红表笔接 K 极，黑表笔同时接通 G、A 极，在保持黑表笔不脱离 A 极状态下断开 G 极，指针应指示几十欧至 100Ω，此时可控硅已被触发，且触发电压低（或触发电流小）。然后瞬时断开 A 极再接通，指针应退回 ∞ 位置，则表明可控硅良好。

（2）双向可控硅

如图 3-83 所示，双向可控硅具有两个方向轮流导通、关断的特性。双向可控硅实质上是两个反并联的单向可控硅。

图 3-83　双向可控硅

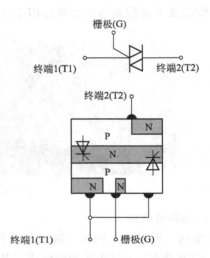

图 3-84　双向可控硅等效图

① 结构　是五层三端结构元件，共有四个 PN 结。由于主电极的构造是对称的（都从 N 层引出），所以它的电极不像单向可控硅那样分别叫阳极和阴极，而是把与控制极相近的叫做第一电极 T1，另一个叫做第二电极 T2，其等效图如图 3-84 所示。

② 作用　双向可控硅元件主要用于交流控制电路，如温度控制、灯光控制、防爆交流开关以及直流电机调速和换向等电路。

③ 极性判别

a. 判别 T2 极。G 极与 T1 极靠近，距 T2 极较远，因此 G-T1 之间的正、反向电阻都很小。用万用表 R×1 挡测任意两脚之间的电阻时，只有在 G-T1 之间呈现低阻，正、反向电阻仅几十欧，而 T2-G、T2-T1 之间的正、反向电阻均为无穷大。这表明，如果测出某脚和其他两脚都不通，就肯定是 T2 极。

b. 区分 G 极和 T1 极。找出 T2 极之后，首先假定剩下两脚中某一脚为 T1 极，另一脚为 G 极。把黑表笔接 T1 极，红表笔接 T2 极，电阻为无穷大。接着用红表笔尖把 T2 与 G 短路，给 G 极加上负触发信号，电阻值应为 10Ω 左右，证明管子已经导通，导通方向为 T1→T2。再将红表笔尖与 G 极脱开（但仍接 T2），若电阻值保持不变，证明管子在触发之后能维持导通状态。

④ 好坏判断　对于 1～6A 双向可控硅，红表笔接 T1 极，黑表笔同时接 G、T2 极，在保证黑表笔不脱离 T2 极的前提下断开 G 极，指针应指示为几十至一百多欧（视可控硅电流

大小、厂家不同而异）。然后将两表笔对调，重复上述步骤测一次，指针指示还要比上一次稍大十几至几十欧，则表明可控硅良好，且触发电压（或电流）小。

3.5.2　电声器件

电声器件指运用了电、磁的相互作用，压电效应等原理而做成的电/声转换器，常见的电声器件有传声器、扬声器等。

1）传声器

传声器俗称麦克风、话筒，是将声音信号转换为电信号的能量转换器件。常见的有动圈式话筒、电容式话筒、驻极体话筒等。

（1）常见的传声器

① 动圈式话筒　如图 3-85 所示。动圈式话筒，其主要特点是音质好，不需要电源供给，但价格相对较高，主要在演出时使用。

图 3-85　动圈式话筒

图 3-86　电容式话筒

② 电容式话筒　如图 3-86 所示电容式话筒，其特点是能展现"原音重现"的特性；具有极为宽广的频率；响应具有超高灵敏度的特性；具有超低触摸杂音的特性，是音响专家最赞赏的特点；具有体积小、重量轻的独特优点；最适合装配在无线麦克风上。

③ 驻极体话筒　如图 3-87 所示驻极体话筒，其具有体积小、结构简单、电声性能好、价格低的特点，广泛用于手机、无线话筒及声控等电路中，属于最常用的电容话筒。由于输

图 3-87　驻极体话筒

入和输出阻抗很高，所以要在这种话筒外壳内设置一个场效应管作为阻抗转换器，为此驻极体话筒在工作时需要直流工作电压。

（2）传声器的主要性能指标

① 灵敏度　在 1kHz 的频率下，0.1Pa 规定声压从话筒正面 0°主轴上输入时，话筒的输出端开路输出电压，单位为 10mV/Pa，灵敏度与输出阻抗有关，有时以分贝表示，并规定 10V/Pa 为 0dB，因话筒输出一般为毫伏级，所以，其灵敏度的分贝值始终为负值。

② 频响特性　表示灵敏度随频率而变化的特性。同样的声压，而频率不同的声音施加在话筒上时的灵敏度就不一样，频响特性通常用通频带范围内的灵敏度相差的分贝数来表示。通频带范围愈宽，相差的分贝数愈少，表示话筒的频响特性愈好，也就是话筒的频率失真小。

③ 指向性　话筒对于不同方向来的声音灵敏度会有所不同，这称为话筒的指向性。指向性用传声器正面 0°方向和背面 180°方向上的灵敏度的差值来表示，差值大于 15dB 者称为强方向性话筒。

④ 输出阻抗　话筒的引线两端看进去的话筒本身的阻抗称为输出阻抗。目前常见的话筒有高阻抗与低阻抗之分。高阻抗的数值约 1000～20000Ω，它可直接和放大器相接；面低阻抗型为 50～1000Ω，要经过变压器匹配后，才能和放大器相接。

（3）驻极体话筒的检测

① 驻极体话筒极性判别　将万用表拨至 R×1k 挡，黑表笔接任一极，红表笔接另一极，再对调两表笔，比较两次测量结果，阻值较小时，黑表笔接的是源极，红表笔接的是漏极。

② 灵敏度检测　将万用表拨至 R×100 挡，两表笔分别接话筒两电极（注意不能错接到话筒的接地极），待万用表显示一定读数后，用嘴对准话筒轻轻吹气（吹气速度慢而均匀），边吹气边观察表针的摆动幅度。吹气瞬间表针摆动幅度越大，话筒灵敏度就越高，送话、录音效果就越好。若摆动幅度不大（微动）或根本不摆动，说明此话筒性能差，不宜应用。

2）扬声器

扬声器又称喇叭，其功能是将电信号转换成声音信号。一般扬声器是由：磁铁、盆架、音圈、纸盆等部分组成的。如图 3-88 所示。

（1）常见的扬声器

① 电动式扬声器　如图 3-89 所示，电动式扬声器具有结构简单、音质优秀、成本低、动态大等特点，已经成为目前市场主流。

② 静电扬声器　如图 3-90 所示，这种扬声器失真很小、音质很高，但价格昂贵，用在高保真音响的中、高音单元。

（2）扬声器的主要性能指标

① 额定功率　额定功率又称为不失真功率，它是指扬声器在额定不失真范围内允许的最大输入功率，在扬声器的商标、技术说明书上标注的功率即为该功率值。扬声器工作时实际功率不要超过额定功率，否则会出现声音失真甚至烧坏音圈。

② 额定阻抗　额定阻抗是指音频为 400Hz 时，从扬声器输入端测得的阻抗。它一般是音圈直流电阻的 1.2～1.5 倍。一般动圈式扬声器常见的阻抗有 4Ω、8Ω、16Ω、32Ω 等。

③ 频率响应　给一只扬声器加上相同电压而不同频率的音频信号时，其产生的声压将会产生变化。当声压下降为中音频的某一数值时的高、低音频率范围，叫该扬声器的频率响应特性。频率特性曲线越平坦，频响越好。

图 3-89　电动式扬声器

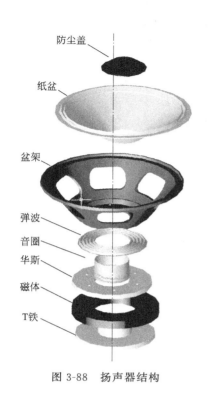

防尘盖

纸盆

盆架

弹波

音圈

华斯

磁体

T铁

图 3-88　扬声器结构

图 3-90　静电扬声器

④ 失真　扬声器不能把原来的声音逼真地重放出来的现象叫失真。失真有两种：频率失真和非线性失真。频率失真是由于对某些频率的信号放音较强，而对另一些频率的信号放音较弱造成的，失真破坏了原来高低音响度的比例，改变了原声音色。而非线性失真是由于扬声器振动系统的振动和信号的波动不够完全一致造成的，在输出的声波中增加一新的频率成分。

（3）扬声器的检测

① 判断好坏　测量直流电阻。用 R×1 挡测量扬声器两引脚之间的直流电阻，正常时应比铭牌扬声器阻抗略小。例如 8Ω 的扬声器测量的电阻正常为 7Ω 左右。测量阻值为无穷大或远大于它的标称阻值，说明扬声器已经损坏。

② 判断相位　当使用两只以上的扬声器时，要设法保证流过扬声器的音频电流方向的一致性，这样才能使扬声器的纸盆振动方向保持一致，不至于使空气振动的能量被抵消，不至于降低放音效果。为能做到这一要求，就要求串联使用时一只扬声器的正极接另一只扬声器的负极，依次地连接起来；并联使用时，各只扬声器的正极与正极相连，负极与负极相连，这就是说达到了同相位的要求。

a. 将万用表置于直流电流挡的最低挡，将两只表笔分别接扬声器的两引脚，然后用手指轻而迅速地按一下扬声器的纸盆，并及时地观看万用表的指针摆动方向，如指针向右摆时，规定红表笔所接为正极，黑表笔所接为负极；如指针向左摆时，规定红表笔所接为负极，黑表笔所接为正极。用同样的方法和极性规定去检测其他扬声器并做好标注，这样按正极、负极串、并联使用后就可达到同相位了。

　　b. 用一节或两节电池（串联），将电池的正、负极分别接扬声器的两引脚，在电源接通的瞬间注意及时观察扬声器的纸盆振动方向，若纸盆向靠近磁铁的方向运动，此时电池的负极接的是扬声器的正极引脚。交替电池两极接通扬声器的两引脚，纸盆向外运动，则说明电池的正极接触的就是扬声器的正极。

技能练习

1. 任取 10 个色环电阻，请读出其阻值和误差，并记录下来。

2. 检测电位器，判断出固定端和滑动端，并测试其好坏。

3. 给你一个电解电容，你如何检测并判断其好坏？

4. 给你一个型号 1N4007 二极管，如何检测并判断其好坏？

5. 给你一个型号 8085 三极管，如何检测并判断其好坏？

项目 4　电子产品装接

【项目描述】

　　电子产品的装接是电子产品生产电子装联工艺必不可少的一项技能，装接技能的高低直接影响电子产品的性能优劣。通过该项目的训练，能体验电子生产中电子装联过程，感知电子装联技术要求与工艺规范。

【学习目标】

　　(1) 能根据线束绑扎的基本常识和基本步骤对线束进行绑扎。

　　(2) 会按照元器件加工与安装的原则及工艺对各类元器件进行加工与安装。

　　(3) 会按照五步焊接法及合格焊点的要求焊接各种焊件。

　　(4) 能按照电子产品装检的方法和工艺对电子产品装检。

　　(5) 能按照 PCB 修复与改装的技术要求和工艺对电子产品进行 PCB 修复与改装。

　　(6) 能按照电子产品防护与加固的工艺对电子产品进行防护和加工。

【学习任务】

　　(1) 绑扎电子产品的线束。

　　(2) 加工和安装电子元器件。

　　(3) 手工焊接小型电子产品。

　　(4) 电装与检验电子产品。

　　(5) 修复与改装 PCB。

任务 4.1　电子产品的线束绑扎

　　电子设备的电气连接主要依靠各种导线来实现。在一些复杂的电子设备中，连接导线多且复杂，如果不作整理，就会显得非常混乱，既不整齐也不便于查找。为了简化装配结构，便于检查、测试和维护等，通常在产品装配时，将同一走向的导线绑扎成具有一定形状的线扎。利用这种方式，可以将布线和产品装配分开，便于生产，减少错误，从而提高整机装配的安装质量。

4.1.1　线扎制作方法

　　1) 线扎扎制的基本常识

　　(1) 线扎的走线要求

　　① 不能将信号线和电源线捆扎在一起，以防止信号相互干扰。

　　② I/O 导线不要排在一个线束内，以防止信号回授。若不得不排在一起时，必须使用屏蔽导线。射频电缆不能排在线束内，应该单独走线。

　　③ 导线束不要形成回路，以防止磁力线通过环形线产生磁、电干扰。

　　④ 接地点应尽量集中在一起，以保证它们是可靠的同位地。

　　⑤ 导线束应远离发热体并且不要在元器件上方走线，以免发热元件破坏导线绝缘层及

增加更换元器件的难度。

⑥尽量走最短距离的路线，转弯处取直角以及尽量在同一平面内走线。

（2）扎制线束的要领

①扎线前，应先确认导线的根数和颜色，以防止扎制时遗漏导线，同时便于检查线扎的错误。

②线扎拐弯处的半径应比线束直径大2倍以上。

③导线长短要合适，排列要整齐。从线扎分支处到焊点间应有10～30mm的余量，扎制导线时不要拉得过紧，以免因振动将导线或焊盘拉断。

2）样板布线法

样板布线法是将线扎图按1∶1的比例绘制成样板，在样板上直接铺线，并按工艺要求绑扎成线束的方法，它主要用于大型线束和闭合路径线束的绑扎。采用样板布线法时步骤如下。

（1）第一步

线扎图的绘制要求如下。

①线扎图一律采用将线扎展开在同一俯视平面内绘制（即采用线扎轴线在同一平面上的线扎图形表示），并在展示平面上加注各种符号和图形，使之具有立体概念。

②应充分考虑其在整机的位置及其与相邻元器件，零、部、整件等的相互关系，力求布置匀称合理。

③展示线束必须与接线图展示方位相一致，并应注意与有关装配图相适应。展示线束的选择应以整机内主干粗的线束焊接面为主视方向。

（2）第二步

将1∶1的线扎图钉在木板上，在分支处都钉上无头钉，如图4-1所示。

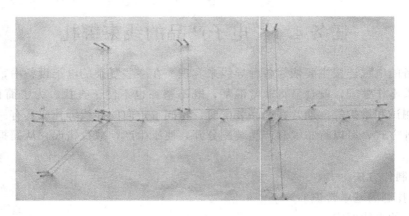

图4-1　线扎图钉在木板上

（3）第三步

①下线，如图4-2所示。下线时应保留一定余量。

②布线。将每一根导线的两个端头打上相同的标号，一般是先布屏蔽导线，并对其进行屏蔽处理。包裹屏蔽导线后，布较短的一般导线，最后布较长的导线，如图4-3所示。

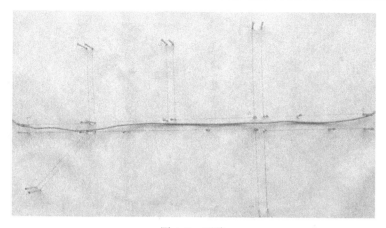

图 4-2　下线

图 4-3　布线

（4）第四步

用锦丝绳扎成线束，绑扎时松紧应适度，扎得过紧线束的延展性能就会降低，甚至会损伤导线，扎得过松线束就会松散，如图 4-4 所示。绑扎完成后的线束如图 4-5 所示。

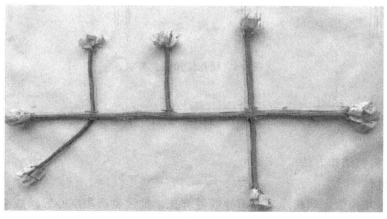

图 4-4　绑扎成线束

图 4-5　绑扎好的线束

3）机上绑扎法

直接将导线布在机器上比照实物走线，加、甩各分支导线，按实际需要留取导线长度后，可用废旧导线等材料先粗略绑扎，固定成型，然后将线束从机器上取下再按扎线标准仔细绑扎。它适用于模样和单件初样产品的生产。

4）按图续绑法

按图续绑法是按照工艺规定的扎线方向和续入导线、甩出导线的工艺顺序，按图样尺寸进行绑扎的方法。它适用于多品种、小批量和不带封闭路径的中、小型导线束的制作。采用按图续绑法时，按照图纸先从插头座、继电器等接线较多的一端开始绑扎，按图纸处理屏蔽，"加"或"甩"线，扎成线束。

4.1.2　结扣的位置、间距、方法和质量要求

1）位置

每个甩出导线处扎 1～2 扣。结扣应配置在导线束的背面，如图 4-6 所示。

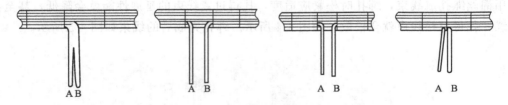

图 4-6　线扎结扣位置要求

2）间距

绑扎间距应均匀，视线束直径大小每隔 10～20cm 对线束绑扎结扣，如图 4-7 所示，锦丝线结扣截面呈圆形。

3）扎线材料和结扣方法

（1）扎线材料

试制品用尼龙扎带、塑料绳、废旧导线等绑扎。批量生产用空心锦丝线绑扎。工作在高温环境下的导线、电缆束用白色亚麻线绑扎。

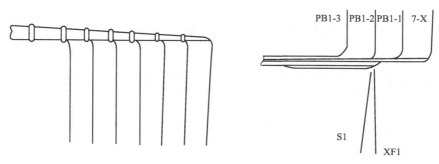

图 4-7　线扎结扣间距要求

（2）结扣方法

结扣方法如图 4-8 所示。

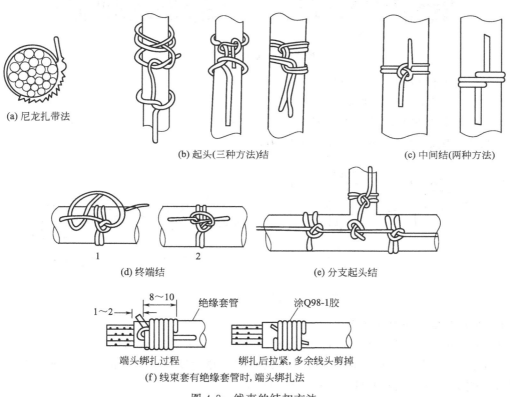

(a) 尼龙扎带法

(b) 起头(三种方法)结　　　　　　　　　(c) 中间结(两种方法)

(d) 终端结　　　　　　　　(e) 分支起头结

(f) 线束套有绝缘套管时,端头绑扎法

图 4-8　线束的结扣方法

4）结扣质量要求

结扣与线扎的轴线应互相垂直，结扣尽量靠近线束的拐弯处绑扎。如图 4-9 所示。

4.1.3　线扎质量要求

1）线扎外观要求

① 线扎外观应清洁，各单根导线与线扎的轴线应相平行，不允许交叉，如图 4-10 所示。

② 屏蔽导线应放置在线束下面、侧面，粗导线、长导线在线束上面，绞合线、短线在

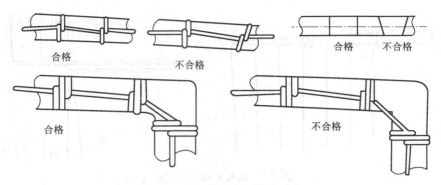

图 4-9　结扣的部位和质量要求

图 4-10　线扎外观要求

线束中间，整套线束应整齐、清洁。

2）线扎的形状、尺寸要求

线扎的形状和尺寸应符合设计图纸和工艺文件的要求，安装后主干部分应平直、顺畅，不应过长或过短造成线束扭曲，如图 4-11 所示。

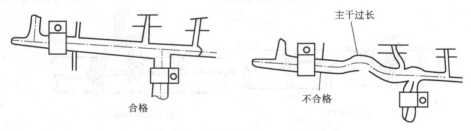

图 4-11　扎线的形状、尺寸要求

4.1.4　线扎导线脱头处理要求

① 线扎如暂时不用，不要进行导线端头处理，以防止线芯氧化和折伤。

② 脱头时，热脱器上电阻丝似红非红的时候，热脱器与导线相配合，迅速一转，不要将导线皮烧成黑色，也不要将导线皮脱成斜角形。

③ 带丝包的线脱去塑料皮后，手捏导线绝缘皮向后拉，用热脱器烧去丝包 2mm，如图 4-12 所示，再将导线绝缘皮向前拉包裹住烧去丝包边缘，以保证端头不露丝包。

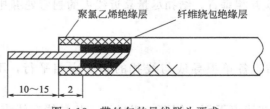

图 4-12　带丝包的导线脱头要求

④ 脱去绝缘层的多股绞合导线芯按原绞合方向绞合。绞合应均匀顺直、松紧适宜。如果太松，线芯就不成形；太紧，搪锡时焊锡很难润湿包裹在里面的线芯。不得损伤线芯或使线芯断股，如图 4-13 所示。

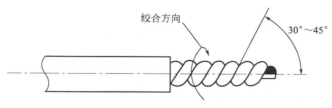

图 4-13 线芯绞合要求

⑤ 搪好锡的线芯表面应光洁、平滑、无拉尖，焊料润湿完善、分布均匀，略显线芯轮廓。对多股绞合线，焊料应渗透到线芯内部，线芯根部应留 0.5～1mm 的不搪锡长度。端头处理完毕后的导线应清洁，不应沾有松香、焊渣、污物等。

⑥ 导线脱头必须使用热脱器，不允许使用剥线钳进行脱头，脱头后线芯如有股断或损伤应将导线报废。

任务 4.2 电子元器件加工与安装

4.2.1 元器件引线搪锡

元器件引线的搪锡处理包括：元器件引线的可焊性检查、引线搪锡和引线成型。元器件引线搪锡处理质量的优劣，直接影响到产品的焊点质量。

1）元器件引线可焊性检查

引线的可焊性是衡量元器件引线是否易于焊接的重要特性，是确保焊接质量，防止虚焊发生的重要条件。因此，元器件焊接前应进行可焊性检查。测试可焊性的方法有焊槽法、焊球法、润湿称量法等，测试仪器也很多。焊槽法是模拟元器件引线搪锡工艺，把浸有焊剂的元器件引线以一定的速度垂直浸入规定温度的焊锡槽中，停留 2s，然后以同样的速度将引线提出，经清洗后评定可焊性的优劣。将试样和标准样品比较，如引线表面覆盖一层均匀、平滑、连续的焊料薄膜，并且覆盖面积不少于测试面积的 90%，其余 10% 的面积上允许有小的针孔，但不集中在同一部位上，则该引线的可焊性视为合格。

2）搪锡前去除引线氧化物

① 搪锡前再拆除元器件包装，如果过早拆除元器件包装，裸露的引线易沾污和被氧化。

② 搪锡前应用无齿平头钳校直引线，严禁使用尖头钳或镊子拉直引线。

③ 当引线表面粘污或氧化严重时，可用细砂纸单方向轻轻摩擦引线表面，直至去除氧化层，但不允许在引线上产生刻痕，不可将引线上的镀层去除。去除氧化层操作时应防止元器件引线根部受损。

④ 有些半导体元器件引线或材料为柯伐丝，引线上的镀层不允许刮掉，以免镀不上锡，若有氧化，应用橡皮擦除。

⑤ 引线氧化层去除后 2h 内要对其完成搪锡操作。

3）搪锡方法

（1）锡锅搪锡

① 采用温控锡锅，温度应控制在不大于 280℃，搪锡时间为 1s。如图 4-14 所示。

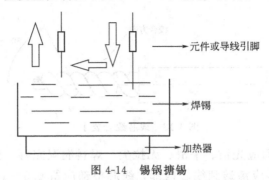

　　　　　　　　图 4-14　锡锅搪锡

② 为确保引线搪锡质量，应不断清除锡浴面上的氧化残渣，并定期更换锡锅内的锡料。

（2）电烙铁搪锡

① 温控电烙铁　温控电烙铁的温度可以根据被搪元器件引线直径粗细、散热情况、结构形式进行调整，以不损坏电子元器件和保证搪锡质量为准则。

② 电烙铁搪锡方法　电烙铁搪锡一般采用倾斜搪锡和水平搪锡两种方法。

方法一：倾斜搪锡时，一手捏住电子元器件，使引线一端靠近松香焊剂，另一手拿电烙铁，烙铁头上应带有适量焊料；先将元器件引线蘸适量焊剂，然后将烙铁头很快移至电子元器件引线上，顺着引线上下不断移动，同时转动电子元器件，待引线四周都搪上锡后，将元器件放下冷却，如图 4-15（a）所示。

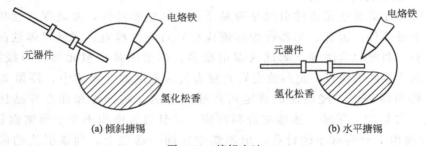

（a）倾斜搪锡　　　　　　　　　　　　（b）水平搪锡

图 4-15　搪锡方法

方法二：水平搪锡时，一手捏住电子元器件呈水平状态搁在氢化松香上，另一手拿电烙铁，烙铁头带适量焊料靠近引线加热，待引线沾上适量焊剂后，将电子元器件移开氢化松香，烙铁头顺着引线上下不断移动，同时转动电子元器件，待引线四周都搪上锡后，将电子元器件放下冷却，如图 4-15（b）所示。如用液态焊剂时，引线端头蘸适量焊剂，然后用烙铁头带有适量焊料的电烙铁直接搪锡。

4）搪锡操作

一般引线搪锡的操作要求如下。

① 轴向引线元器件搪锡时，一端引线搪锡后，要等元器件冷却后，才能进行另一端引线的搪锡。

② 在规定的温度和时间内若搪锡质量不好，可待引线自然冷却后，再进行第二次搪锡操作，若仍不符合搪锡质量要求，应立即停止操作并找出原因，解决后方可继续搪锡。但最多不得超过三次，也不允许将元器件引线浸入酒精里冷却。

③ 部分元器件，如非密封继电器、开关元器件、电连接器等，一般不宜用锡锅搪锡，可采用电烙铁搪锡。

④ 根据电子元器件结构形式、安装特点及印制电路板安装要求，引线根部不搪锡长度一般应大于 2mm。

⑤ 钽电解电容搪锡时，其正极引线根部应加上散热夹或用浸有微量无水乙醇的脱脂棉包裹后再进行搪锡。

⑥ 静电敏感元器件（ESDS）搪锡时，操作人员应佩戴防静电腕带，电烙铁或锡锅也应采取防静电措施。静电敏感元器件搪锡后，应先插入防静电泡沫塑料，再放入防静电容器内。

⑦ 密封继电器用锡锅搪锡时，要在引线根部的玻璃绝缘子上穿垫 2～3 层脱脂棉纱布或电容纸，以防绝缘子损伤，如图 4-16 所示。用电烙铁搪锡时，烙铁头放在继电器引线上时要轻微用力，避免根部玻璃绝缘子损伤。搪锡三极管、多引线集成电路也可参照此方法。

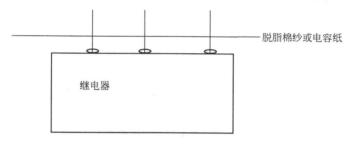

脱脂棉纱或电容纸

继电器

图 4-16　密封继电器用锡锅搪锡时的操作

⑧ 热敏器件搪锡时，应严格控制温度并采取散热措施，应将热敏器件的引线根部加散热夹或用浸有无水乙醇的脱脂棉包裹后再搪锡，搪锡时间应小于 1s。

⑨ 当元器件焊接端子为带穿线孔的焊片时，应用电烙铁进行搪锡。搪锡时将元器件倾斜 30°～45°，待一焊接面穿线孔搪锡完成后，再将电子元器件旋转 180℃，对另一焊接面穿线孔进行搪锡，穿线孔内应无残余焊料。

⑩ 电子元器件搪锡后 7h 内应及时进行装联，暂不装联的应放入密封容器中防止引线氧化。

⑪ 表面安装电子元器件的两端电极一般不应进行搪锡处理。

5) 搪锡质量要求

① 可采用 3～5 倍放大镜目视检验，必要时采用 20～40 倍立体显微镜检验。

② 完成搪锡的电子元器件外观应无损伤、无裂痕，漆层应完好无烧焦、脱落现象，元器件的型号、规格、标志应清晰。

③ 搪锡部位表面应光滑明亮，无拉尖、毛刺现象，锡层厚度应均匀，无残渣和焊剂黏附，引线根部无断裂脱落现象。

④ 对于电连接器内接触部位（针或孔），应保证焊剂和焊料没有流入器件内部，否则应立即剔除。

⑤ 焊杯、焊针应无扭曲、无裂纹，焊杯内外绝缘体表面应无隆起、无裂纹；焊杯、焊针搪锡部位的焊料应润湿良好、光滑明亮，无拉尖，与相邻接点无焊料粘连。

⑥ 元器件完成搪锡后应尽快安装。若搪好锡的元器件暂时不安装，应及时装入密封袋内，储存时间最长不要超过一周。

4.2.2 元器件的引线成形与安装

电子设备中的元器件通常是固定在印制电路板上的，在焊接前都要经过引线成形和安装两道工序。

1）元器件的引线成形

为便于元器件在印制电路板上的安装和焊接，提高装配质量和生产效率，在安装之前，根据安装位置的特点和技术方面的要求，要预先把元器件引线弯曲成一定的形状。这就是元器件的引线成形。

（1）元器件引线成形的技术要求

根据元器件在印制电路板上安装方式的不同，元器件引线成形的形状有两种：手工焊接时的形状（图 4-17）和自动焊接时的形状（图 4-18）。对元件自动整形的机器如图 4-18 所示。图中，L_a 为两焊盘之间的距离，d_a 为引线直径或厚度，R 为引线弯曲半径，l_a 为元器件外形的最大长度，D 为元件外形最大直径。

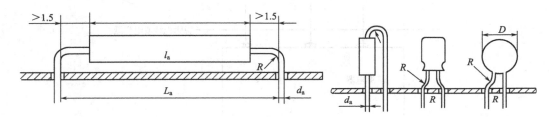

图 4-17 手工焊接时的形状

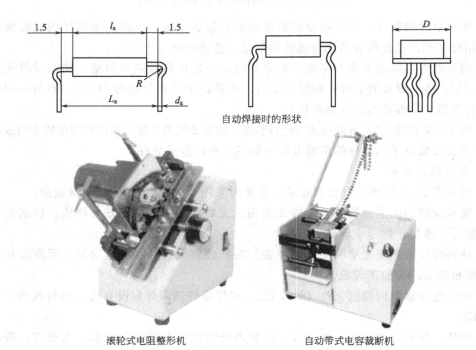

自动焊接时的形状

滚轮式电阻整形机 　　　　自动带式电容裁断机

图 4-18 自动焊接时的形状及机器

对于元器件引线成形的要求如下。

① 引线成形后，元器件本体不应产生破裂，表面封装不应损坏，引线弯曲部分不允许出现模印、压痕和裂纹。

② 引线成形时，引线弯折处距离引线根部尺寸应大于 2mm，弯折时不能"打死弯"，以防止引线折断或者被拉出。

③ 对于卧式安装，引线弯曲半径 R 应大于 2 倍引线直径，以减少弯折处的机械应力；对于立式安装，引线弯曲半径 R 应大于元器件的外形半径 $\frac{D}{2}$，如图 4-19 所示。

④ 凡外壳有标记的元器件，引线成形后，其标记应处于查看方便的位置。

⑤ 引线成形后，两引出线要平行，其间的距离与印制电路板两焊盘孔的距离相同。对于卧式安装，还要求两引线左右弯折要对称，以便于插装，如图 4-19 所示。

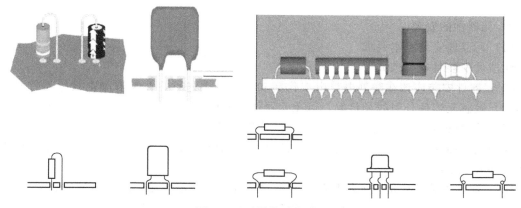

图 4-19　元器件引线成形

⑥ 对于自动焊接方式，可能会出现因为振动使元器件歪斜或浮起等缺陷，宜采用具有弯弧的引线。

⑦ 晶体管及其他对温升比较敏感的元器件，其引线可以加工成圆环形，以加长引线，减小热冲击。

（2）元器件引线成形的方法

元器件的引线成形有手工弯折和专用模具引线成形两种方法，前者适合业余爱好者或产品试制中采用，后者适合用于工业上的大批量生产。

手工弯折法如图 4-20 所示，用带圆弧的长嘴钳或医用镊子靠近元器件的引线根部，按弯折方向弯折引线即可。弯曲时勿用力过猛，以免损坏元器件。

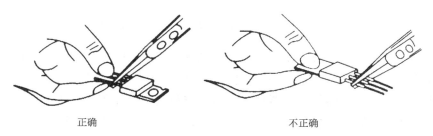

正确　　　　　　　　　　　不正确

图 4-20　手工弯折法

专用模具引线成形方法如图 4-21 所示，在模具的垂直方向上开有供插入元器件引线的长条形孔，孔距等于格距，在水平方向开有供插杆插入的圆形孔。将元器件的引线从上方插入长条形孔后插入插杆，引线即可成形。

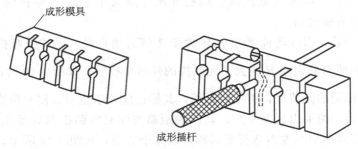

图 4-21　专业模具引线成形方法

2）元器件的安装

（1）元器件安装基本要求

元器件安装基本要求如下。

① 元器件安装应该在防静电放电工作间和工作台上进行，在拿取静电敏感器件时，裸手不可与敏感元器件外引线相接触，以免元器件静电损伤。此条应为加工、安装总要求。

② 凡是油封的元器件应进行清洗去油，并要做好隔离保管工作。

③ 为了保证产品质量，防止多余物的产生，所有钻、锉、砂纸打磨等非电装工作都应在元器件安装之前进行完毕。

④ 元器件安装时应保持元器件的型号、规格等特征明显可见。卧式安装时，标志向上、方向一致，同体积元器件安装高度、本体两边引线尺寸应近似，不允许交叉重叠，元器件本体与板面应平行，如图 4-22 所示。立式安装时，同类元器件的标志方向应一致。特殊元器件从 0.5m 以上高度跌落到硬表面上，应重新检测后再安装。

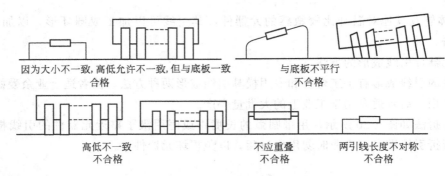

图 4-22　卧式安装元器件高度、两边引线尺寸要求

⑤ 元器件引线不允许有接头，不允许在元器件引线上或印制导线上搭接其他元器件（高频电路除外），连接线也不允许搭接。特殊情况以设计工艺文件规定为准。

⑥ 元器件安装时，元器件与元器件、元器件与板边缘间距要求：元器件与元器件、元器件与裸线、金属零件之间间距应不小于 1.6mm 或加套绝缘套管。如图 4-23 所示，元器件安装后不应伸出元器件板，元器件距印制板的边缘最小距离为 1.6mm。轴向元器件应平行

板面安装，元器件本体底部与板面之间应留 0.25～1.0mm 的间隙（图 4-24）。发热较大的元器件（如 2W 以上电阻器）安装高度一般为 3～5mm。

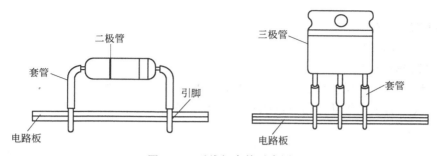

图 4-23　引线加套管示意图

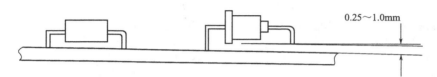

图 4-24　卧式安装元器件本体距底板间隙要求

⑦ 非轴向元器件（如小型继电器、电位器、光电耦合器等）安装要求。非轴向元器件安装时，应尽量降低元器件的安装高度，控制元器件与印制板的间隙，以方便观察印制板安装面的焊点质量为宜，如图 4-25 所示，元器件的标志方向应一致并明显可见。

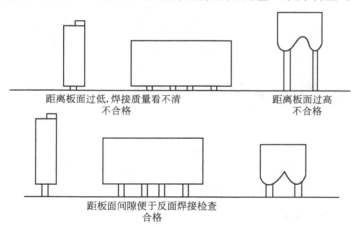

图 4-25　立式安装元器件高低要求

⑧ 对热敏感的元器件安装时，要远离发热元器件或采取隔热措施。

⑨ 质量较大的（超过 7g）或重心在元器件本体上部的小型变压器、电感线圈等安装时，应采取绑扎、支撑、粘固或灌封等措施。

（2）元器件在印制板上的安装次序

一般应先堵组件下面的焊孔，后焊组件，先表面安装后通孔安装，先分立元器件后集成电路，先低后高（如先电阻器后半导体器件），先轻后重（如先电容器后继电器），先非敏感元器件后敏感元器件（如先非静电、非温度敏感器件，后静电、温度敏感器件）。

任务4.3　小型电子产品的手工焊接

4.3.1　焊接前的准备

1）焊接工具的使用

（1）电烙铁的握法

① 握笔法　适合在操作台上进行印制板的焊接。如图4-26所示。

② 正握法　适于中等功率烙铁的操作。如图4-27所示。

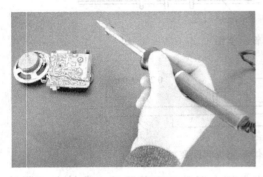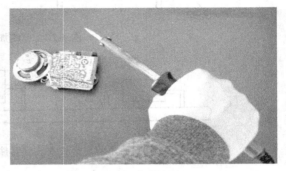

　　　　图4-26　握笔法　　　　　　　　　　　　　　图4-27　正握法

③ 反握法　适于大功率烙铁的操作。如图4-28所示。

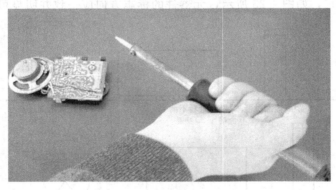

图4-28　反握法

（2）电烙铁的使用与保养

① 电烙铁的电源线最好选用纤维编织花线或橡皮软线，这两种线不易被烫坏。

② 新烙铁在使用前应该进行挂锡处理，不挂锡的烙铁头是不能用于焊接的。

③ 电烙铁不易长时间通电而不使用，因为这样容易使电烙铁芯加速氧化而烧断，同时将使烙铁头因长时间加热而氧化，甚至被烧"死"而不再"吃锡"。平时不用烙铁的时候，要让烙铁嘴上保持有一定量的锡，不可把烙铁嘴在海棉上清洁后存放于烙铁架上。

④ 使用可调式的衡温烙铁较好，第一次使用时，必须让烙铁嘴"吃锡"；拿起烙铁开始使用时，需清洁烙铁头，只需要在浸湿的海绵垫上轻轻擦拭干净即可；发现烙铁嘴发黑，不可用刀片之类的金属器件处理；每次用完后，先清洁，再加上一层焊锡来保护烙铁头。

⑤ 更换烙铁芯时，要注意引线不要接错，因为电烙铁有三个接线柱，而其中一个是接

地的，另外两个是接烙铁芯两根引线的（这两个接线柱通过电源线，直接与 220V 交流电源相接）。如果将 220V 交流电源线错接到接地线的接线柱上，则电烙铁外壳就要带电，被焊件也要带电，这样就会发生触电事故。

⑥ 在使用过程中，电烙铁应避免敲打碰跌，因为在高温时的振动最易使烙铁芯损坏。

（3）电烙铁及焊接温度的选择

① 选用合适功率的电烙铁　焊接印制电路板的焊盘和一般产品中的较精密元器件及受热易损元器件选用 20W 内热式电烙铁。在具有熟练的操作技术的基础上，可选用 35W 内热式电烙铁，这样可缩短焊接时间。对一些焊接面积大的结构件、金属底板接地点的焊接，则应选用功率更大一些的电烙铁。

② 选用合适的烙铁头　成品电烙铁头都已定形，可根据焊接的需要，自行加工成不同形状的烙铁头。凿形和尖锥形烙铁头，角度较大时，热量比较集中，温度下降较慢，适用于一般焊点。角度较小时，温度下降快，适用于焊接对温度比较敏感的元器件。斜面设计的烙铁头，由于表面积较大，传热较快，因此适用于焊接密度不很高的单面印制板焊盘接点。圆锥形烙铁头适用于焊接密度高的焊点、小孔和小而怕热的元器件。

③ 焊接温度

a. 焊接贴片、编码开关等元件的电烙铁温度在（343±10）℃。

b. 焊接色环电阻、瓷片电容、钽电容、短路块等元件的电烙铁温度在（371±10）℃。

c. 维修一般元件（包括 IC）的电烙铁温度在（350±20）℃之内。

d. 维修管脚粗的电源模块、变压器（或电感）、大电解电容以及大面积铜箔焊盘的电烙铁温度在（400±20）℃。

e. 贴片、装配检焊、手机生产线的电烙铁温度要求严格按生产工位检焊作业指导书上温度要求执行。

f. 无铅专用电烙铁，温度为（360±20）℃。

2）装接工具的使用

详见项目 2。

3）条状锯片与砂纸

条状锯片与砂纸用于清除元器件引脚表面的氧化层，如图 4-29 所示。

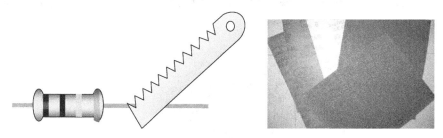

图 4-29　条状锯片与砂纸

4）焊接材料（焊料和焊剂）

（1）焊料

焊料为易熔金属，手工焊接所使用的焊料为锡铅合金，具有熔点低、机械强度高、表面张力小和抗氧化能力强等优点。如图 4-30 所示。

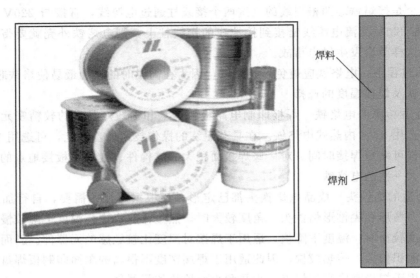

图 4-30　锡铅合金

（2）焊剂

焊剂分为助焊剂和阻焊剂，如图 4-31 所示。

 助焊剂(松香)

阻焊剂(光固树脂)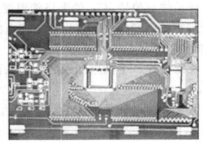

图 4-31　焊剂

（3）吸锡线

吸锡线在除锡时吸取多余的焊锡，耐氧化，防腐蚀，导热上锡性能好，吸锡干净。如图 4-32所示。

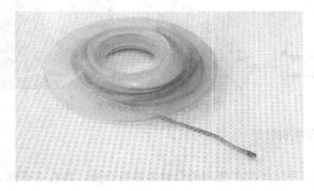

图 4-32　吸锡线

（4）焊点清洗液与脱脂棉花

焊点清洗液与脱脂棉花用于洗涤焊接完成后的焊点，清除焊接留下的焊渍、焊渣。如图 4-33 所示。

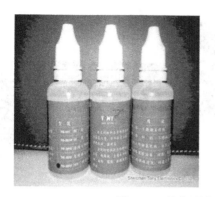

图 4-33　焊点清洗液与脱脂棉花

5）焊接部位的清洁与元器件的加工与安装

请参照本书 4.2.1 节的内容操作，最终使焊件处于随时可以焊接的状态。

4.3.2　手工焊接训练

1）五步焊接法

五步焊接法如图 4-34 所示。

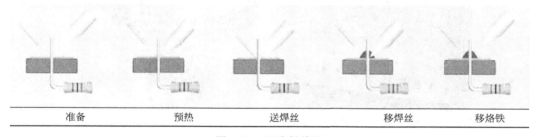

准备　　　　　　预热　　　　　　送焊丝　　　　　移焊丝　　　　　移烙铁

图 4-34　五步焊接法

（1）准备施焊

左手拿焊丝，右手握烙铁，进入备焊状态。要求烙铁头保持干净，无焊渣等氧化物，并在表面镀有一层焊锡。

（2）加热焊件

烙铁头靠在两焊件的连接处，加热整个焊件，时间大约 1～2s。对于在印制板上的焊接件来说，要注意使烙铁同时接触焊盘和元器件的引线。

（3）送入焊丝

焊接的焊接面被加热到一定温度时，焊丝从烙铁对面接触焊件。

（4）移开焊丝

当焊丝熔化一定量后，立即向左上 45°方向移开焊丝。

（5）移开烙铁

焊锡浸润焊盘的焊接部位后，向右上 45°方向移开烙铁，结束焊接。从第三步开始到第五步结束，时间大约 1～3s。

2）贴片焊点的焊接方法

① 先在贴片焊盘的一端加锡，如图 4-35 所示。

图 4-35　贴片焊盘的一端加锡

② 用镊子将贴片元件夹持到焊盘上去，并用电烙铁焊接已上好锡的焊盘，焊接好该焊盘的焊点，如图 4-36 所示。

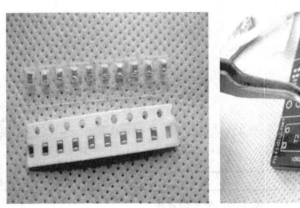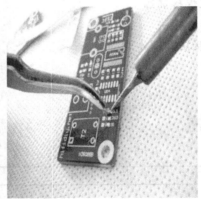

图 4-36　焊接已经上好锡的焊盘

③ 焊接好另一端焊点，如图 4-37 所示。

图 4-37　焊接另一端焊点　　　　　　　　图 4-38　所有的焊盘上都加锡

④ 用镊子夹持双列贴片芯片将其引脚与对应的焊盘重合，给焊盘的一端的两个引脚上锡。

⑤ 把芯片固定上去，将所有的焊盘上都加锡。如图 4-38 所示。

⑥ 用铜丝或吸锡线蘸上松香助焊剂。如图 4-39 所示。

图 4-39　吸锡线蘸上松香助焊剂

⑦ 用蘸满松香的吸锡线在电烙铁加热的情况下拖去多余的焊锡，如图 4-40 所示。

⑧ 用焊点清洗液或无水酒精或航空汽油清洗焊点，如图 4-41 所示。

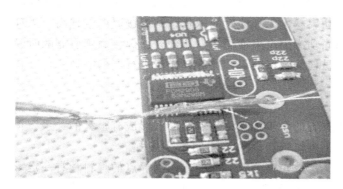

图 4-40　拖去多余的焊锡

图 4-41　清洗焊点

4.3.3　手工焊接的操作要领

1）采用正确的加热方法

用电烙铁加热时，应让焊接部位受热均匀。正确的操作方法是根据焊接部位的形状不同选择不同形状的烙铁头，让烙铁头与焊接部位形成面的接触，而不是点的接触。

2）焊料、焊剂的用量要适中

焊料适中，则焊点美观、牢固；焊料过多，则浪费焊料，延长了焊接时间，并容易造成短路故障；焊料太少，焊点的机械强度降低，容易脱落。使用适当的焊剂有助于焊接，焊剂过多，容易出现焊点的"加渣"现象，造成虚焊故障。若采用夹有松香的焊锡丝时，无须再使用其他的助焊剂。

3）焊料的施加方法

如图 4-42 所示，当焊件加热到一定温度时，用左手的拇指和食指捏住松香芯焊锡丝（端头留出 3～5cm），先在图中的①处（烙铁头与焊接的结合处）供给少量焊料，然后将焊

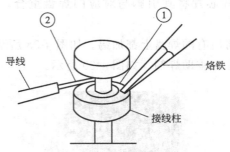

图 4-42　焊料的施加方法

锡丝移到②处（距烙铁头加热的最远点）供给合适焊料，直到焊料润湿整个焊点时便可撤去焊锡丝。

4）掌握合适的焊接时间和温度

掌握合适的焊接时间和温度，可以保证形成良好的焊点。温度过高，易造成元器件损坏，印制电路板上铜箔翘起，还会加速焊剂的挥发，使被焊金属表面氧化，造成焊点夹渣而形成缺陷；温度过低，焊锡的流动性差，在焊料和焊件的界面难以形成合金层，不能起到良好的连接作用，并会造成虚焊（假焊）的结果。

焊接的温度与电烙铁的功率、焊接时间、环境温度有关。合适的焊接温度可通过选择电烙铁和控制焊接时间来调节。电烙铁的功率越大，焊接时间越长，则焊接温度就越高。当环境温度较高时，由于散热较慢，对于相同功率的电烙铁而言，达到合适焊接温度所需的时间就短。真正掌握焊接的最佳温度，获得最佳的焊接效果，还需操作者进行严格的训练，并在实际工作中去体会。

5）电烙铁移开方法

移开电烙铁是整个焊接过程中相当关键的一步，它对焊点的形状形成有很大的关系。正确的方法是先慢后快，同时轻轻旋转一下电烙铁，沿 45℃ 方向迅速移去。

焊接时要掌握好电烙铁移开的时间。另外，电烙铁移开的方向对焊点的焊料量有一定影响。图 4-43 所示为电烙铁移开方向与焊料量的关系。当电烙铁以 45℃ 的方向移开时，形成的焊点圆滑，带走的焊料少；当电烙铁以垂直向上方向移开时，焊点易拉尖；当电烙铁以水平方向移开时，带走大量的焊料；当电烙铁沿焊点向下移开时，带走大部分焊料；当电烙铁沿焊点向上移开时带走的焊料较少。

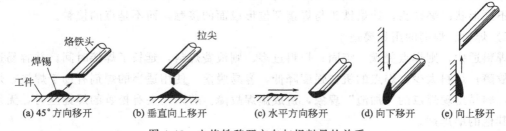

图 4-43　电烙铁移开方向与焊料量的关系

6）焊点的凝固

焊料和电烙铁移开焊点后，焊件应保持稳定，并让焊点自然冷却，严禁用嘴吹或采用其他强制性的冷却方式，避免在焊点凝固之前，因相对移动或强制冷却而造成的虚焊现象。

7）焊接后的处理

为确保焊接质量的持久性，待焊点完全冷却后，应对残留在焊点周围的焊剂、油污及灰尘进行清洗，避免污物长时间地侵蚀焊点造成后患。

4.3.4　特殊元器件的手工焊接

1）晶体管和集成电路的焊接

在焊接晶体管时，可使用尖嘴钳或医用镊子夹住引线散热。如果焊接技术比较熟练，晶体管的引线与焊点的镀锡良好，直接焊接也可。

在焊接场效应管时，由于其输入阻抗极大，电烙铁稍微漏电就能使其损坏，因此，可在电烙铁加热后把电源插头拔下（断电），然后再焊接。另外，为进一步保证场效应管不被损坏，最好在焊接前用短路线将各个引脚短路，等焊接完成后再拆除。

由于集成电路的引线多且集中，焊接时应选用尖烙铁头。焊接前应先将器件的引线与印制电路板上的焊盘镀好锡，对于 CMOS 器件要注意保护（参考场效应管的保护方法）。焊接温度以（230±10）℃为宜，焊接时间尽可能短，一般不超过 3s。安全的焊接顺序为地端→输出端→电源端→输入端。

2）小型中频变压器等元器件的焊接

由于小型中频变压器、小型继电器、密封双联等元器件的内部都有塑料件或胶木件，在焊接时一定要注意散热问题，尤其是小型中频变压器和小型继电器，它们的引出线是压铸在胶木体上的，内部线圈焊接在引线的一端，而引线的另一端还要直接焊接在印制电路板的相应焊盘上。它们的引线比较集中，距离较近，外壳内又有塑料骨架，焊接时若焊点过热，就可能使内部线圈与引线脱焊。过高的温度还会使内部塑料骨架变形损坏。所以此类元器件的焊接一定要严格掌握焊接时间和温度。

对于这类元器件的焊接，可采用下列方法进行散热。

① 用镊子夹持蘸有酒精的棉纱放置在焊点之间，利用酒精挥发吸热起到散热作用。

② 采用隔点焊接方法，即焊完第 1 个焊点，隔着第 2 个焊点去焊第 3 个焊点。1、3、5等焊点焊完后，再转过来焊 2、4、6 等焊点。这样做温度不会过分集中，减少了元器件损坏的可能性。

③ 瓷片电容、发光二极管等元器件的焊接。这类元器件的共同弱点是加热时间过长就会失效，其中瓷片电容是内部焊点受热易开焊，发光二极管受热管芯易损坏。因此，焊接前一定要处理好焊点，焊接时动作要快，必要时可采用辅助散热以避免过热失效。

④ 塑胶绝缘层导线及套塑胶套管裸导线的焊接。在电子设备的整机产品中，经常使用带塑胶绝缘层的导线作连线。这类导线采用聚氯乙烯塑料作绝缘层，这种塑料绝缘性能良好、色泽鲜艳、成本低，但最大的缺点是耐高温性能差，当温度达到 80℃以上时即变形软化。在焊接这类导线及引线时，导线及引线应与焊点拉直，不要弯曲。焊接时，注意掌握好加温时间和温度。在焊接过程中不要移动导线，焊接后再推动遇热收缩的塑胶层复原。如果焊接时间过长，温度掌握不好，就会使塑胶绝缘层脱离芯线。加套塑胶管裸导线的焊接方法与塑胶导线基本相同。由于裸导线直接与套管接触，焊接时更易烫坏塑胶套管，所以操作时更应注意。

3) 大型金属元件的焊接

在焊接金属板、粗地线等较大金属元件时，烙铁头上的热量往往会很快散失造成焊接失败。焊接这类元件的关键是在焊件表面进行良好的镀锡，并选用合适功率的电烙铁。

由于一般金属件表面积大，吸热多而散热快，因此要用功率较大的烙铁。根据金属件的面积和厚度可选用 50～300W 的烙铁。若板厚为 0.3mm 以下时，也可用 20W 烙铁，只是要增加焊接时间。

对于铜、镀锌板等金属，只要表面清洁干净，使用少量的焊剂即可在其表面镀上一层锡。如果要使焊点更牢固，可先在焊区用力划出一些刀痕再镀锡。铝材因为表面氧化层生成很快，且不能被焊锡浸润，一般方法很难镀上锡。但铝及其合金本身却是容易"吃锡"的，因而镀锡的关键是破坏氧化层。如焊接面积少，可先用刀刮干净待焊面并立刻加少量焊剂，然后用烙铁头适当用力在板上作圆周运动，同时将焊锡熔化一部分在待焊区，这样靠烙铁头破坏氧化层并不断将锡镀到铝板上。镀上锡后焊线就比较容易了。对于一些体积较大金属元件的焊接，可采用辅助加温焊接法，即用一把功率较大的电烙铁先将焊件加热到一定温度，再用另一把电烙铁进行焊接。焊接结束后，为保证焊接质量，一般都要进行质量检查。

4.3.5 焊接质量检查及拆焊

1) 焊接质量检查

图 4-44 所示为两种典型焊点的外观，其共同要求是：外形以焊接导线为中心，匀称，成裙状拉开；焊料的连接面呈半弓形凹面，焊料与焊件交界处平滑，接触角尽可能小；表面有光泽且平滑，无裂纹、针孔、夹渣。

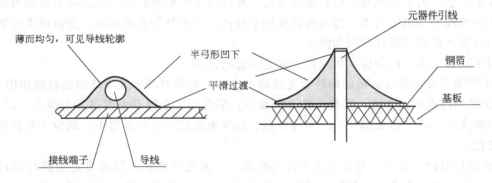

图 4-44 典型焊点外观

所谓外观检查，除用目测（或借助放大镜、显微镜观测）焊点是否符合上述标准外，还包括检查漏焊、焊料拉尖、焊料引起导线间短路（即所谓"桥接"）、导线及元器件绝缘的损伤、布线整形以及焊料飞溅。

检查时除目测外，还要用指触、镊子拨动拉线等方法检查有无导线断线、焊盘剥离等缺陷。

2) 焊点通电检查及试验

(1) 通电检查

通电检查必须是在外观检查及连线检查无误后才可进行的工作，也是检验电路性能的关键步骤。如果不经过严格的外观检查，通电检查不仅困难较多而且有损坏设备仪器、造成安全事故的危险。例如电源连线虚焊，那么通电时就会发现设备加不上电，当然无法检查。

通电检查可以发现许多微小的缺陷，例如用目测观察不到的电路桥接，但对于内部虚焊的隐患就不容易觉察。所以，根本的问题还是要提高焊接操作的技艺水平，不能把问题留给检查工作去完成。图 4-45 所示为通电检查时可能遇到的故障与焊接缺陷的关系。

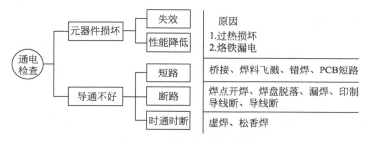

图 4-45 通电检查及分析

（2）例行试验

作为一种产品质量认证和评价方法，例行试验有不可取代的作用。模拟产品储运、工作环境、加速恶化的方式，能暴露焊接缺陷。以下几种试验是常用的。

① 温度循环。温度范围大于实际工作环境温度，同时加上湿度条件。

② 振动试验。一定振幅、一定频率、一定时间的振动。

③ 跌落试验。根据产品重量、体积规定一定高度的跌落。

3）常见焊点缺陷及质量分析

造成焊接缺陷的原因很多，在材料（焊料与焊剂）与工具（烙铁、夹具）一定的情况下，采用什么方式方法以及操作者是否有责任心，就是决定性的因素了。图 4-46 表示导线端子焊接常见缺陷，表 4-1 列出了印制板焊点缺陷的外观特点及产生原因，图 4-47 是焊点缺陷现象，可供焊点检查、分析时参考。

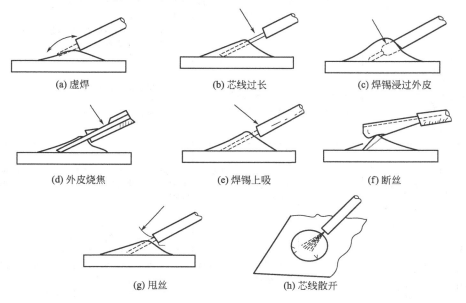

图 4-46 导线端子焊接常见缺陷示例

表 4-1　常见焊点缺陷及分析

焊点缺陷		外观特点	说明	原因分析
	毛刺		焊点表面不光滑,有时伴有熔接痕迹	1. 焊接温度或时间不够; 2. 选用焊料成分配比不当,液相点过高或润湿性不好; 3. 焊接后期助焊剂已失效
	引脚太短		元器件引脚没有伸出焊点	1. 人工插件未到位; 2. 焊接前元器件因振动而位移; 3. 焊接时因可焊性不良而浮起; 4. 元器件引脚成形过短
	焊盘剥离		焊盘铜箔与基板材料脱开或被焊料熔蚀	1. 烙铁温度过高; 2. 烙铁接触时间过长
	焊料过多		元器件引脚端被埋,焊点的弯月面呈明显的外凸圆弧	1. 焊料供给过量; 2. 烙铁温度不足,润湿不好不能形成弯月面; 3. 元器件引脚或印制板焊盘局部不润湿; 4. 选用焊料成分配比不当,液相点过高或润湿性不好
	焊料过少		焊料在焊盘和引脚上的润湿角＜15°或呈环形回缩状态	1. 波峰焊后润湿角＜15°时,印制板脱离波峰的速度过慢,回流角度过大,元器件引脚过长,波峰温度设置过高; 2. 印制板上的阻焊剂侵入焊盘(焊盘环状不润湿或弱润湿)
	凹坑		焊料未完全润湿双面板的金属化孔,在元件面的焊盘上未形成弯月形的焊缝角	1. 波峰焊时,双面板的金属化孔或元器件引脚可焊性不良,预热温度或时间不够,焊接温度或时间不够,焊接后期助焊剂已失效,设备缺少有效驱赶气泡装置(如喷射波); 2. 元器件引脚或印制板焊盘在化学处理时化学品未清洗干净; 3. 金属化孔内有裂纹且受潮气侵袭; 4. 烙铁焊中焊料供给不足
	焊料疏松无光泽		焊点表面粗糙无光泽或有明显龟裂现象	1. 焊接温度过高或焊接时间过长; 2. 焊料凝固前受到振动; 3. 焊接后期助焊剂已失效
	开孔		焊盘和元器件引脚均润湿良好,但总是呈环状开孔	焊盘内径周边有氧化毛刺(常见于印制板焊盘人工钻孔后未及时进行防氧化处理或加工至使用时间间隔过长)
	桥接		相邻焊点之间的焊料连接在一起	1. 焊接温度、预热温度不足; 2. 焊接后期助焊剂已失效; 3. 印制板脱离波峰的速度过快,回流角度过小,元器件引脚过长或过密; 4. 印制板传送方向设计或选择不恰当; 5. 波峰面不稳有湍流

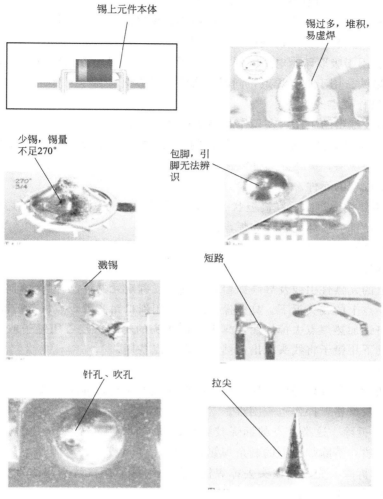

图 4-47　焊点缺陷现象

4.3.6　拆焊工艺及其方法

在电子设备的调试、维修过程中，经常需要更换某些元器件和导线，所以需要拆除原焊点，这个过程就是拆焊（又称解焊）。在实际操作中，拆焊要比焊接更困难。拆焊如果不正确，很容易损坏元器件或造成焊盘脱落和印制导线断裂，甚至造成整个印制电路板的报废。因此拆焊技术也是装配工人应熟练掌握的一项操作技术。

1）拆焊的基本原则

拆焊前一定要弄清楚原焊点的特点，不要轻易动手，其基本原则如下。

①　不损坏待拆除的元器件、导线及周围的元器件。

②　拆焊时不可损坏印制电路板上的焊盘与印制导线。

③　对已判定为损坏的元器件，可先将其引线剪断再拆除，这样可减少其他损伤。

④　在拆焊过程中，应尽量避免拆动其他元器件或变动其他元器件的位置，如确实需要应做好复原工作。

2）拆焊工具

常用的拆焊工具除普通电烙铁外，还有以下 4 种。

① 划针。同于钳工划线用的划针，最好以不锈钢制成，也可用竹针代替。

② 镊子。以端头较尖的不锈钢镊子最适用。

③ 吸锡线。用于吸取印制电路板焊盘上的焊锡，一般可用镀锡编织套代用。

④ 吸锡电烙铁。用于加温焊点，同时吸去熔化的焊锡。

3）拆焊的操作要点

拆焊是一项较细致的工作，在操作时要注意以下两个问题。

① 严格控制加热的温度和时间。因拆焊的加热时间较长，所以要严格控制温度和时间，以免损坏导线的绝缘层，烫坏元器件或使焊盘脱落、断裂。宜采用间隔加热法来进行拆焊，特别是对于热塑成型的元件。

② 拆焊时不要用力过猛。在高温状态下，元器件封装的强度会下降，尤其是塑封器件，过力的拉、摇、扭都会损坏元器件和焊盘。

4）一般焊点的拆焊方法

（1）剪断拆焊法

被拆焊点上的元器件引线及导线如留有余量，或确定元器件已损坏，可先将元器件或导线剪掉，再将焊点上的线头拆下。具体操作时，先用斜口钳齐着焊点根部剪断元器件的引线或导线，再用烙铁加热焊点去掉焊锡，露出残留线头的轮廓。接着用镊子或划针挑开线头，在烙铁头的帮助下用镊子将线头取出，然后清理焊点备用。

（2）保留拆焊法

保留拆焊法能够完好地保留元器件的引线或导线的端头，拆焊后可以重新焊接。这种拆焊方法的要求比较严格，操作也较困难。

① 搭焊点的拆除　这类焊点的拆焊较容易。拆焊时，用烙铁头蘸松香加热焊点，待焊锡熔化后移开导线，清除焊点上的剩余焊锡，清洗焊点。

② 钩焊点的拆除　先用烙铁头去掉焊锡，露出引线轮廓，然后用烙铁头沿引线钩线方向撬起引线，最后抽出引线。

③ 网焊点拆除　网绕在一起的导线，尤其是多股导线，拆焊时极易损坏元器件和导线的端头及绝缘层，在拆这类焊点时应特别小心。拆焊时，先用电烙铁除去焊点上的焊锡，露出导线轮廓，查明导线网绕方向；然后用镊子挑出线头，在烙铁头加热配合下，解开网绕的导线，拉出导线；最后，清除焊点上的剩余焊锡，以备重新焊接。

5）印制电路板上装置的拆焊方法

在拆除印制电路板上的元器件和导线时，不要损坏元器件和印制电路板上的焊盘及印制导线。对于引线比较少的元器件来讲，拆焊并不太困难，比较困难的是拆焊那些多引线的元器件，如中频变压器、集成电路、波段开关等。

（1）分点拆焊法

对于卧式安装的阻容元件，两个焊点的间距较大，可采用电烙铁分点加热，逐点拔出引线。如果引线是弯曲的，可用烙铁头撬直后再拆除。分点拆焊示意图如图 4-48 所示。

（2）集中拆焊法

晶体管及立式安装的阻容元器件之间焊点距离较近，可用烙铁头同时快速交替加热几个焊点，待焊锡熔化后一次拔出元器件。集中拆焊示意图如图 4-49 所示。

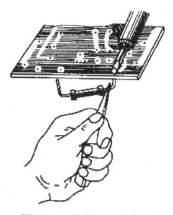

图 4-48　分点拆焊示意图

图 4-49　集中拆焊示意图

对于多引线的元器件，如集成电路等，可使用专用电烙铁一次加热取下。专用电烙铁的外形如图 4-50 所示。也可以用热风枪来进行拆焊，如图 4-51 所示。

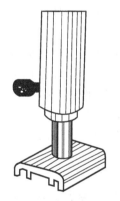

图 4-50　专用电烙铁外形

图 4-51　热风枪拆焊示意图

（3）间隔加热拆焊法

一些带有塑料骨架的元器件，如中频变压器等，其骨架不耐高温，焊点既集中又比较多。对这类元器件的拆焊要采用间隔加热法。

拆焊时应先除去焊点上的焊锡，露出引线轮廓，接着用划针挑开焊盘与引线间的残留焊料，最后用烙铁头对个别未清除焊锡的焊点加热并取下元器件。拆焊这类元器件时，不能长时间集中加热，要逐点间隔加热。

无论采用哪种拆焊方法，操作时都应先将焊点上的焊锡去掉，在使用一般电烙铁不易清除时，可使用吸锡工具。另外，还应注意在拆焊过程中不要使焊料飞溅或流散到其他元器件及导线的绝缘层上，以免烫伤这些元器件。

任务 4.4　电子产品的清洗与检验

焊接完成后，在焊点周围和印制电路板的表面残留有焊剂、油污、手印等污物。这些物质含有多种化学元素，随着产品使用时间的延长和环境条件的变化，会出现腐蚀加剧现象，导致产品绝缘电阻下降，甚至会发生电气短路、开路、接触不良等故障，因此，印制件、整机应进行100％的清洁和检验，以提高产品的可靠性和延长使用寿命。

4.4.1　清洗

1）清洗的工艺方法

（1）喷洗

喷洗指在闭合容器中，清洗剂以一定压力形成的漂洗流在大气中对被清洗物进行冲洗。

（2）浸洗

浸洗指在清洗槽中加入清洗液，被清洗物浸润其中的清洗方法。浸洗有喷漆清洗、离心清洗和半水乳化清洗。GJB 3243—98《电子元器件表面安装要求》明确规定不允许使用水清洗。我们在实际中体会到，水清洗不适合插座、继电器、微动开关、电位计、可变电容器等一些非密封型或密封不良的元器件。

（3）气相清洗

气相清洗指应用气相清洗机。

（4）手工刷洗

手工刷洗只能粗略清除印制电路板上焊剂，易产生静电，容易损坏 CMOS 电路。

（5）超声波清洗

超声波清洗的原理是利用超声波在清洗液中疏密相间的前辐射，使液体发生振荡并产生许多微小气泡。这种气泡在超声波纵向传播的负压区形成、生长，而在正压区迅速闭合。在这种"空化"效应的过程中，气泡闭合形成超过 1000 个大气压的瞬间高压，连续不断地冲击清洗表面，使清洗件表面和缝隙中的污垢迅速剥落，达到清洗的目的。GJB 3243—98《电子元器件表面安装要求》明确规定不允许使用超声波清洗。因此，超声波清洗在 PCA 的清洗中已被淘汰，而主要用于金属零件和 PCB（光板）的清洗。

2）手工清洗常用材料

焊点清洗用无水乙醇和棉花球。棉花球应搓得小而不松散，擦焊点时不易掉丝。印制组装件清洗用无水乙醇和少许航空煤油。

3）手工清洗要求

① 应随焊随清洗干净。清洗中注意用稀释的松香水对这类白色残留物用刷子进行清洗，然后再用去离子水进行清洗。尽量缩短焊接后再清洗工序的滞留周转时间，最好在 1h 内完成清洗工序，并保证操作环境的干燥。清除清洗溶剂引起的白色残留物的方法是使用醇和水混合液，或在高压下用醇类清洗剂喷淋。

② 印制板组装件整板泡入酒精（1～2min），用小毛刷刷干净。

4.4.2　整机多余物检查方法

1）目视检验

在铺有白纸的工作台或在白色工作台上，按有关规定开启被检仪器，选择最利于活动多余物移动的方位，目视或借助放大镜进行观察。

2）听觉检验

用橡胶锤以适当力量敲击被检仪器的适当部位。选择有利于活动多余物移动的方位晃动被检仪器，并注意辨别是否出现异常声音。每台被检仪器至少应选取三个不同的方位，每一个方位的晃动次数应不少于 10 次。

3）位移信号检验

将产品固定在检测装置上，通过固定在产品适当部位的"压电换能器"拾取多余物活动的位移信号，实现对多余物的检测。

4）检查方法

看（目视）、听（摇晃时静听）、吸（吸尘器、磁铁）、洗（管道等用清洗液冲洗）、振动（振后开盖查）、转动（固定在转台上边转边听，还可用橡皮锤敲打、听响声）。

5）清除多余物的工具

手电筒、橡胶锤、留屑钳、照明放大镜、显微镜、超声波清洗机、反光镜等均可作为清除多余物的工具。

4.4.3 整机检验

1）螺纹连接装配检验

按装配图纸和螺纹连接要求检验产品装配，应符合设计图纸、技术条件和工艺文件有关要求，并给合格螺钉点标记漆，螺纹标记漆为红色磁漆。

2）焊点检验

请参照 4.3.4 节焊接质量检查。

3）整机电路检查

产品生产套数少时，用万用表 R×1 挡（检查前首先校正欧姆表零位）按电路图直接导通检查。检查一个接点作一个记号，以免漏检。同电位的接点表针应指向零位，不导通或指向某欧姆数值时，说明接线有问题。

产品生产数量多时，按电路图编写导通表，进行通路检查。导通表的编写方法有以下两种。

① 按设计文件的接线表逐点编写。

② 按电路图，利用图上的开关、按钮"闭合"状态编写，使导通检查快捷，并容易发现开关、按钮等元器件质量问题。

4）整机绝缘性能测试

（1）绝缘电阻测试

整机绝缘电阻是指设备各电路、对设备外壳以及各隔离电路之间的绝缘电阻，在正常和湿热条件下的测试值。绝缘电阻一般用兆欧表检查，兆欧表的电压等级有 100V、200V、500V、1000V 等。额定工作电压大于 100V 的电子设备，用 500V 兆欧表，额定工作电压小于 100V 的电子设备，用 100V 兆欧表。测量应根据产品技术条件的规定和要求进行。

（2）绝缘强度测试

整机绝缘强度测试又称介电强度试验，是指设备各电路对设备外壳以及隔离电路之间应经受的外加电压。检查一般使用 0.5kV·A、50Hz 交流击穿装置。介电强度试验一般只允许做一次，当必须重做时，按第一次的 80% 强度进行。

（3）整机绝缘性能测试注意事项

① 绝缘电阻、绝缘强度测试前按电路图核对测试点，检查测试点有无错误。测试时应严防接错接点，造成产品的元器件损坏。

② 绝缘电阻、绝缘强度测试全过程应遵守测试设备的安全操作规程。

4.4.4　整机试验

整机装检、调试合格后，经过成品检验（亦称交收试验）、例行试验（也称典型试验）符合产品技术条件的要求，方可出厂交付使用。

任务 4.5　PCB 的修复与改装

4.5.1　修复、改装要求

① 修复和改装必须以技术文件（技术通知单，技术更改单）为依据，并编制相应的修复或改装工艺。

② 每个印制电路焊盘只允许更换一次元器件。

③ 修复和改装中每一道工序完成后，应严格进行检查和检验，否则不准转入下一道工序。

4.5.2　修复和改装原则

1）修复

印制板组装件在装联、调试和试验过程中受到损伤，有必要恢复其功能时，才允许修复。所谓修复，只能是更换元器件及其相连接的部分，以及受损的导线或焊盘。为保证修复后的印制电路板组装件的质量和可靠性，对任何一块组装件修复（包括焊接和黏结）的数量应限制在 6 处。所谓 1 处，是指 1 个元器件的修复。但是在任意 25cm^2 面积内，涉及焊接操作的修复不得超过 3 处，涉及粘接的修复不得超过 2 处。

2）改装

印制板组装件改装是电气特性的改变，这种改变可以通过切断印制导线、增加元器件，以及增加导线（引线）连接等方法实现。为保证改装后的印制电路板组件的质量和可靠性，对任何一块组件，在 25cm^2 面积内，改装数量不得超过 2 处。改装 1 处是指增添 1 个元器件多个连接点的改变。

4.5.3　修复和改装工艺方法

1）表面涂层清除

① 聚氨酯材料作为三防涂料层喷涂在印制组装件表面。一般可用二甲苯等有机溶剂将涂层软化后，用镊子慢慢撕除。也可涂"去漆膏"去除（去漆膏有毒、腐蚀性也大，一般在靶场使用）。涂层清除后，应彻底清洗已经暴露的地方。

② 采用手术刀等小心割开要修复和改装部位周围的硅橡胶、硅凝胶，然后用铲刀铲除。涂层铲除后应彻底清除暴露的地方。

③ 环氧树脂胶用烙铁头加热 3～5min 后逐步铲除，直到元器件脱离印制板为止。使用电烙铁头加热铲除时，应避免印制板的元器件过热损坏；铲除环氧树脂胶时动作应稳，应避免划伤印制电路板的元器件。

2）焊点清除

（1）连续真空吸锡法

将加热的吸嘴垂直作用于焊点，焊料熔化时启动真空泵，使焊料从焊点吸走，并沉积在吸锡装置的收集器内。

（2）手动吸锡器吸锡法

用电烙铁加热焊点，待焊料熔化后，即用手动吸锡器吸除焊料，操作过程需重复多次，至镊子摇晃引线不粘连为止。

（3）热气流除锡

热气流除锡用于扁平封装的集成电路。操作时，用专用装置产生的热气流（200～3000℃）通过喷嘴作用于焊点，在焊料熔化时逐点撬起扁平封装引线。熔融焊料可用吸锡器或吸锡线吸除。

（4）吸锡器除锡

对双面板的接点，可用一端用烙铁加热，另一端用吸锡器吸除的方法清除焊点焊料。

3）受损印制导线修复

（1）印制导线断裂、刻痕修复

修复前用玻璃纤维擦拭受损印制导线，并用相应的溶剂清洁印制导线断裂处的两端（每端至少有 3mm 长被擦拭），切割一段镀铜线，长度比断裂处长 6mm，然后用镊子将镀锡铜线固定于受损印制导线的中心位置并焊接就位，最后经清洗后用少量环氧树脂胶涂满全部修复处。

（2）隆起印制导线修复

① 印制导线下方使用环氧树脂胶。修复前用相应的溶剂清洗隆起印制导线的下侧及四周，然后将配制好的环氧树脂胶均匀地加到隆起印制导线的两侧，用热风枪缓慢地吹拂，直到胶液流到隆起印制导线全长的下侧，最后用压块加压印制导线，使其与基板接触并固化。

② 印制导线上方使用环氧树脂胶。修复前用相应的溶剂清洗隆起的印制导线的表面和四周，然后将配置好的环氧树脂胶均匀地加到隆起的印制导线表面及四周，各个方向距离受损部位至少为 3mm，在固化前不得移动修复的组装件。

（3）印制焊盘修复

修复前首先清除焊点的焊料，并用相应的溶剂清洗焊盘下侧和四周，然后用毛笔、注射器或其他合适工具，在焊盘下侧注入环氧树脂胶，再用压块压住焊盘并固化。操作时必须防止胶液污染焊盘和金属化孔。

若焊盘与所连接的印制导线已出现裂缝或已断裂时，用裸铜线制造一个带焊盘的印制导线，与原焊盘相互焊接，并涂环氧树脂胶粘固。

4）引线对导线焊接

需要加长元器件引线时，采用引线对导线直接焊接并套热缩套管。这期间，引线加长后导线应用相应的黏结剂（如环氧树脂胶）黏结在印制电路板上，黏结间距应小于 25mm。

5）元器件增添

（1）在印制电路板上焊接面增添元器件

改装前首先清除改装区域表面涂层，并进行清洁处理，然后将经搪锡和成型处理的元器件搭焊在规定的印制导线中心线上，并给元器件点胶固定，搭焊的长度至少为 4mm，引线直径应小于印制导线宽度的 2/3。如新增元器件跨越印制导线，元器件引线应套绝缘套管。

（2）在印制电路板元器件面增添元器件

改装前首先清除改装区域表面涂层，并进行清洁处理，然后在印制电路板上邻近要焊接元器件的印制导线旁边钻安装孔（孔径应比元器件引线直径大 0.1～0.2mm），安装孔边缘距印制导线边缘最小为 0.2mm。将经过搪锡和成形处理的元器件安装于印制电路板上，引线沿印制导线中心放置并焊接。如图 4-52 所示，引线直径应小于印制导线宽度的 2/3。

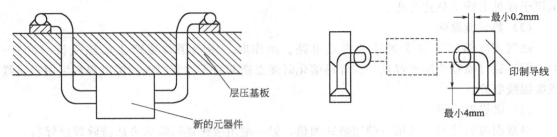

图 4-52　在印制电路板元器件面增添元器件

（3）通过邻近元器件引线安装增添元器件

改装前应首先清除改装区域的表面涂层，并进行清洁处理，然后按图 4-53 所示将引线绕焊于邻近元器件引线上。增添的元器件可以安装在电路板元器件面，也可以安装在焊接面。

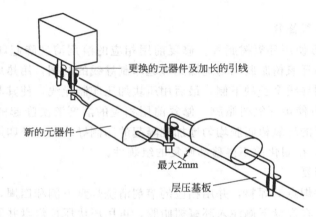

图 4-53　通过邻近元器件引线增添元器件

6）扁平封装元器件拆除及更换

拆除扁平封装元器件，首先应在引线末端焊接部位轻轻插入一片聚酰亚胺或聚四氟乙烯材料制成的薄片，在焊点加热的同时，薄片向焊接部位移动，并撬起引线。元器件拆除后要认真清洗焊接部位，检查待焊表面，吸除多余焊料，使待焊表面光洁平整。最后安装新的元器件，按焊接工艺要求焊接就位。

也可用热吹风机面对扁平封装元器件的焊接点循环加热，观察锡料呈熔融状态时，用镊子轻轻拨动扁平封装元器件即可拆除。

7）元器件连接改装

当需要改变元器件到印制电路板的连接状态时，可以采用以下工艺。

（1）与元器件加长引线连接

改装前首先清除改装区域的表面涂层，并进行清洁处理，然后拆除需要连接的元器件，安装上新的加长引线的元器件，按工艺要求，将连接导线绕焊在加长引线的元器件上，并将导线按要求粘固在印制电路板上，如图 4-54 所示。

（2）元器件引线与安装孔中导线相连接

本方法适用于元器件引线直径大于现有金属化孔直径的场合。首先将一根直径合适的镀锡铜线焊在金属化孔中，再将元器件引线与直立的镀锡铜线相连接，如图 4-55 所示。

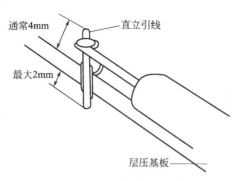

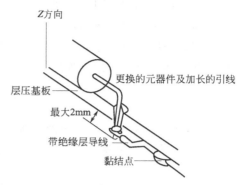

图 4-54　与元器件加长引线的连接　　　　　图 4-55　元器件引线与安装孔中导线相连接

（3）插有扁平引线的金属化孔增加一根连接导线

本方法适用于金属化孔中插有扁平引线（如双列直插封装引线），并有可能再插入一根连接导线的场合。首先清除金属化孔四周范围的表面涂层，并进行清洁处理，然后清除占据引线的焊点的焊料，再将导线沿元器件引线的侧面插入金属化孔（导线可以从印制电路板的元器件面或焊接面插入）并焊接到位，如图 4-56 所示。

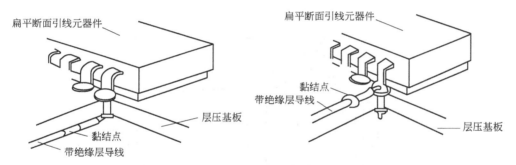

图 4-56　插有扁平引线的金属化孔增加一根连接导线

（4）扁平封装引线上增加一根连接导线

改装前首先清除需连接部位的表面涂层，并进行清洁处理，然后将加工的导线沿引线中心位置处理，并在此位置焊接，如图 4-57 所示。搭接导线直径应小于引线宽度的 2/3。

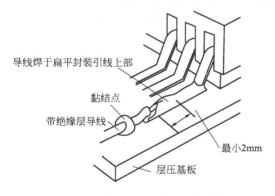

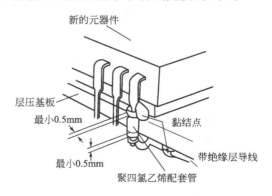

图 4-57　扁平封装引线上增加一根连接导线　　　　　图 4-58　元器件引线绝缘

（5）元器件引线的绝缘

本方法适用于元器件引线需要与印制电路板上金属化孔的连接相绝缘的场合。首先按要求拆除元器件，在需要绝缘的位置用电钻钻透金属化孔，并用刮刀清除印制电路板两侧的焊盘。再用稍大一些的钻头钻孔，最后在孔中插入一段聚四氟乙烯套管，通过绝缘孔插入新的元器件，并与连接导线焊接，如图 4-58 所示。

技能练习

1. 发给你一块万能焊接板和一些细导线，请把这些细导线剥出的金属头，插进万能焊接板的小孔进行焊接并观察自己所焊的焊点是否合乎工艺规范，并请指出其他同学的焊点缺陷。

2. 发给你一些往届学生制作的电路板，首先观察其电路板上的元件安装以及焊点是否合乎工艺规范，你能否快速地、规范地进行拆焊，并识别拆卸下来的元器件并检测它的好坏。

3. 发给你一些铜导线，尽力发挥你的想象力和设计思路，设计并焊接出一件有多个焊点的焊接工艺品。

4. 按图 4-59 进行扎线练习，牌号、截面、连接点详见接线表 4-2。

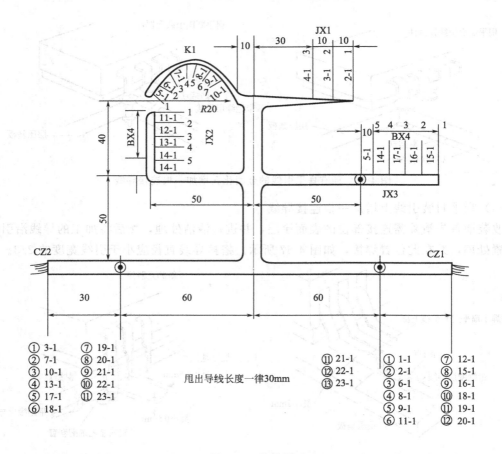

图 4-59　扎线图

表 4-2　接线表

| 导线号 | 连接点 Ⅰ | | 连接点 Ⅱ | | 导线数据 | 下料长度/mm |
	位号	接点号	位号	接点号	(0.35mm)	
1-1	K1	1	CZ1	1	ASTVR	380
2-1	JX1	1	CZ1	2	ASTVRP	370
3-1	JX1	2	CZ2	1	ASTVRP	370
4-1	JX1	3	JX2	5	ASTVR	340
5-1	K1	2	JX3	5	ASTVR	290
6-1	K1	3	CZ1	3	ASTVR	380
7-1	K1	4	CZ2	2	ASTVR	380
8-1	K1	5	CZ1	4	ASTVRP	380
9-1	K1	6	CZ1	5	ASTVRP	380
10-1	K1	7	CZ2	3	ASTVR	380
11-1	JX2	1	CZ1	6	ASTVR	360
12-1	JX2	2	CZ1	7	ASTVR	360
13-1	JX2	3	CZ2	4	ASTVR	320
14-1	JX2	4	JX3	4	ASTVR	320
15-1	JX3	1	CZ1	8	ASTVR	320
16-1	JX3	2	CZ1	9	ASTVR	320
17-1	JX3	3	CZ2	5	ASTVR	320
18-1	CZ1	10	CZ2	6	ASTVR	280
19-1	CZ1	11	CZ2	7	ASTVR	280
20-1	CZ1	12	CZ2	8	ASTVR	280
21-1	CZ1	13	CZ2	9	ASTVR	280
22-1	CZ1	14	CZ2	10	ASTVR	280
23-1	CZ1	15	CZ2	11	ASTVR	280

项目 5　电子产品技术文件编写

【项目描述】

电子产品技术文件编写是电子产品研究、设计、试制与生产实践经验积累所形成的一种技术资料，也是电子产品生产、使用和维修的基本依据。一位电子从业人员不仅仅能读懂电子产品技术文件，还要进一步学会总结生产实践经验，提高写作能力，写出自己经历生产的电子产品技术资料。通过本项目的学习，能清楚地了解整个电子产品设计文件与工艺文件的编写过程。

【学习目标】

（1）能读懂电子产品设计文件。

（2）能读懂电子产品工艺文件。

（3）能初步写出小型电子产品的简单设计文件。

（4）能初步写出制作小型电子产品的简易工艺文件。

【学习任务】

（1）读懂并编写小型电子产品的简单设计文件。

（2）读懂并编写小型电子产品的简易工艺文件。

任务 5.1　设计文件的编写

5.1.1　技术文件的特点

技术文件是电子产品设计、试制、生产、使用和维修的基本理论依据，是指电子产品设计图纸、技术标准、技术档案和技术资料，在电子产品开发、设计、制作的过程中形成的反映产品功能、性能、构造特点及测试试验要求的图样和说明性文件，统称为电子产品的技术文件。按照制造业中的技术划分，技术文件可分为设计文件和工艺文件两大类。在非制造业领域里，按照电子技术图表本身特性划分，可分为工程性图表和说明性图表两大类。技术文件主要有以下特点。

1）标准严格

产品技术文件要求全面、严格地执行国家标准，要用规范的"工程语言（包括各种图形、符号、记号、表达形式等）"描述电子产品的设计内容和设计思想，用于指导生产过程。我国电子行业的标准目前分为三级，即国家标准（GB）、专业标准（ZB）和企业标准。

2）格式严谨

工程技术图具有严谨的格式，包括图样编号、图幅、图栏、图幅分区等，其中图幅、图栏等采用与机械图兼容的格式，便于技术文件存档和成册。

3）管理规范

产品技术文件由技术管理部门进行管理，涉及文件的审核、签署、更改、保密等方面都由企业规章制度约束和规范。

5.1.2　设计文件的定义

设计文件是设计部门在产品研发设计过程中形成的反映产品功能、性能、构造特点及测试实验要求等方面的产品技术文件，是指从设计、试制、鉴定到生产的各个阶段的实践过程形成的图样及技术资料的总称。设计文件规定了产品的组成形式、结构尺寸、原理以及制造、验收、使用、维护和修理过程中所必需的技术数据和说明，是组织产品生产的基本依据。

5.1.3　设计文件的分类

设计文件一般包括各种图样（如电路原理图、装配图、接线图等）、功能说明书、元器件清单等。设计文件的分类很多，各种产品的设计文件所需的文件种类也可能是各不相同的。文件的多少以能完整地表达所需意义而定。可以按文件的样式将设计文件分为三大类：文字性设计文件、表格性设计文件和电子工程图。

1）文字性设计文件

它包括产品标准或技术条件、技术说明、使用说明、安装说明和调试说明。

（1）产品标准或技术条件

就是对产品性能、技术参数、试验方法和检验要求等所作的规定。产品标准是反映产品技术水平的文件。有些产品标准是国家标准或行业标准作了明确规定的，文件可以引用，国家标准和行业标准未包括的内容文件应补充进去。一般地讲，企业定制的产品标准不能低于国家标准和行业标准。

（2）技术说明

它是供研究、使用和维修产品用的，对产品的性能、工作原理、结构特点进行说明，主要包括产品技术参数、结构特点、工作原理、安装调整、使用和维修等。

（3）使用说明

它是供使用者正确使用产品而编写的，主要包括产品性能、基本工作原理、使用方法和注意事项。

（4）安装说明

它是供使用产品前的安装工作而编写的，主要包括产品性能、结构特点、安装图、安装方法及注意事项。

（5）调试说明

它是用来指导产品生产时调试其性能参数的。

2）表格性设计文件

它包括明细表、软件清单和接线表。

（1）明细表

明细表是构成产品（或某部分）的所有零部件、元器件和材料的汇总表，也叫物料清单。从明细表可以查到组成该产品的零部件、元器件及材料。

（2）软件清单

软件清单是记录软件程序的清单。

（3）接线表

接线表是用表格形式表述电子产品组成部分之间的接线关系的文件，用于指导生产时组成部分的连线。

　　3）电子工程图

　　它包括电路原理图、框图、装配图、零件图、逻辑图和软件流程图。

　　（1）电路原理图

　　它用于说明产品各元器件或单元电路间相互关系及电气工作原理，它是产品设计和性能分析的原始材料，也是编制印制板、电路板、装配图和接线图的依据。图中所有元器件应以国家标准规定的图形符号和文字代号表示，文字代号一般标注在图形符号的右方或上方。元器件位置应按自左向右或自上而下顺序合理排列，图面应紧凑清晰，连线短且交叉少。图上的元器件可另外列出明细表，表明各自的项目代号、名称、型号及数量。有时为了清晰方便，某些单元电路在原理图上用框图来表示，并单独给出其原理图。

　　（2）框图

　　框图是用一个个方框表示电子产品的各个部分，用连线表示它们之间的连接，进而说明其组成结构和工作原理，是原理图的简化示意图。框图又称为系统图，各个组成部分自左向右或自上而下排成一列或数列。在矩形、正方形内或图形符号上按其作用标出它们的名称或代号。各组成部分间的连线用实线表示，机械连线以虚线表示，并在连线上用箭头表示其作用过程和方向。必要时可在连接线上方标注该处的特征参数，如信号电平、波形、频率和阻抗等。

　　（3）装配图

　　装配图是用机械制图的方法画出表示产品、组件、部件各组成部分装配组合相互关系的图样。装配图仅按直接装入的零件、部件、整件的装配结构进行绘制，要求完整、清楚地表示出产品的组成部分及其结构总形状。装配图的种类很多，按产品的级别分，有装配图和整件装配图；按生产管理和工艺分，有总装图、结构装配图、印制电路板装配图等。装配图一般都应包括各种必要的视图，装配时需要检查的尺寸及其偏差、外形尺寸、安装尺寸、与其他产品连接的位置和尺寸，装配过程中或装配后的加工要求，装配过程中需借助的配合或配制方法，其他必要的技术要求和说明。

　　（4）零件图

　　一般用零件图表示电子产品某一个需要加工的零件的外形和结构，在电子产品中最常见也是必须要画的零件图是印制板图。

　　（5）逻辑图

　　逻辑图是用电气制图的逻辑符号表示电路工作原理的一种工程图。

　　（6）软件流程图

　　用流程图的专用符号画出软件的工作程序。

　　电子产品设计文件通常由产品开发设计部门编制和绘制，经工艺部门和其他有关部门会签，开发部门技术负责人审核批准后生效。

5.1.4　设计文件的作用

　　设计文件是能反映产品全貌的技术文件，其主要作用如下。

　　① 用来组织和指导企业内部的产品生产。生产部门的工程技术人员利用设计文件给出信息，编制指导生产的工艺文件，如工艺流程、材料定额、工时定额、设计工装夹具、编制岗位作业指导书等，连同必要的设计文件一起指导生产部门的生产。

　　② 政府主管部门和监督部门，根据设计文件提供的产品信息对产品进行检测，确定其

是否符合有关标准，是否对社会、环境和群众健康造成危害，同时也可对产品的性能、质量等作出公正的评价。

③ 产品使用人员和维修人员根据设计文件提供的技术说明和使用说明，便于对产品进行安装、使用和维修，安装或维护时不用设计人员或生产技术人员亲自到场。

④ 技术人员和单位利用设计文件提供的产品信息进行技术交流，相互学习，不断提高产品水平。

5.1.5　设计文件的格式

1) 设计文件的格式规定

不同的设计文件采用不同的格式，设计文件的格式具体规定见表 5-1、图 5-1。

表 5-1　设计文件格式的规定

序号	文件名称	文件简号	格　式	
			主页	续页
1	产品标准	—	格式按 GB 2—81 规定	
2	零件图	—	格式(1)	与主页相同
3	装配图	—	格式(2)	与主页相同
4	外形图	WX	格式(1)	与主页相同
5	安装图	AZ	格式(2)	与主页相同
6	总布置图	BL	格式(3)	格式(3a)
7	频率搬移图	PL	格式(3)	格式(3a)
8	方框图	FL	格式(3)	格式(3a)
9	信息处理流程图	XL	格式(3)	格式(3a)
10	逻辑图	LJL	格式(3)	格式(3a)
11	电路原理图	DL	格式(3)	格式(3a)
12	线缆连接图	LL	格式(3)	格式(3a)
13	接线图	JL	格式(3)	格式(3a)
14	机械原理图	YL	格式(3)	格式(3a)
15	机械传动图	CL	格式(3)	格式(3a)
16	其他图	TT	根据图种确定	
17	技术条件	JT	格式(4)	格式(4a)
18	技术说明书	JS	格式(4)	格式(4a)
19	使用说明书	SS	格式(4)	格式(4a)
20	说明	SM	格式(4)	格式(4a)
21	表格	TB	格式(4)	格式(4a)
22	整件明细表	MX	格式(5)	格式(5a)
23	整套设备明细表	MX	格式(6)	格式(6a)
24	整件汇总表	ZH	格式(5)	格式(5a)
25	备附件及工具汇总表	BH	格式(7)	格式(7a)
26	成套运用文件清单	YQ	格式(8)	格式(8a)
27	其他文件	TW	格式(4)	格式(4a)
28	副封面	—	格式(9)	—

					序号	代号	名称	数量	备注
旧底图总号									
	更改标记	数量	文件号	签名	日期				
底图总号	设计							重量	比例
	复核								
	工艺								
	标准化							第　张	共　张
	批准								
格式2		制图:		描图:			幅图: 4		

图 5-1　设计文件的格式

2）设计文件的填写方法

　　每张设计文件上都必须有主标题栏和登记栏，零件图还应有涂覆栏、装配图、安装图和接线图，还应有明细栏。其格式如图 5-2～图 5-4 所示。

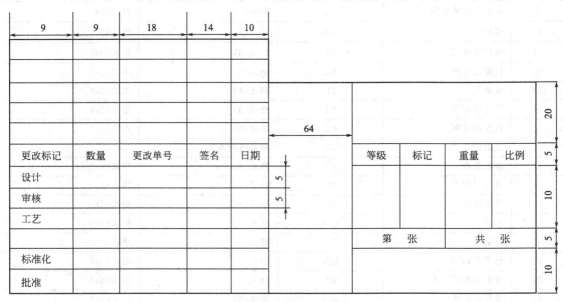

更改标记	数量	更改单号	签名	日期		等级	标记	重量	比例
设计									
审核									
工艺									
						第　张		共　张	
标准化									
批准									

图 5-2　主标题栏格式

3）设计文件的编号方法

　　每个设计文件都要有编号。设计文件常用十进制分类编号方法，这种编号方法就是将产品的设计文件按规定的技术特征（功能、结构、材料、工艺）分为 10 级（0～9），每级分为

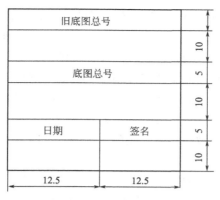

图 5-3　登记栏格式

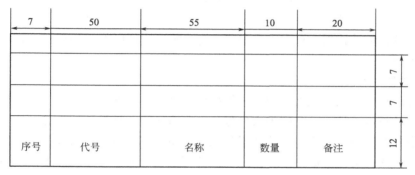

图 5-4　明细栏格式

10 类（0～9），每类分为 10 型（0～9），每型分为 10 种（0～9）。在特征标记前，用大写汉语拼音字母表示企业代号；在特征标记后标上 3 位数字表示登记顺序号；最后是文件简号，如图 5-5 所示。

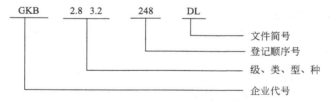

图 5-5　设计文件的编号方法

　　企业代号由企业上级机关决定，根据这个代号可知生产的厂家。不同级、类、型、种的代号组合代表不同产品的十进制分类编号特性标记，各位数字的意义可查阅有关标准。登记顺序号是由本企业标准化部门统一编排决定的。文件简号是对设计文件中各种组成文件的简单规定。

任务 5.2　工艺文件的编写

5.2.1　工艺文件的定义

　　指导操作和用于生产、工艺管理等的各种技术文件，具体某个生产或流通环节的设备、产品等的具体的操作、包装、检验、流通等的详细规范书，按照一定的条件选择产品最合理的工艺过程（即生产过程），将实现这个工艺过程的程序、内容、方法、工具、设备、材料以及每个环节应该遵守的技术规程用文字和图表的形式表示出来，称为工艺文件。

工艺文件和设计文件都是共同指导生产的文件，但两者是从不同角度提出要求的。设计文件是原始文件，是生产依据；而工艺文件用来实现设计图样上的要求并以工艺规程和整机工艺图样指导生产，以保证任务的顺利进行，由工艺部门根据产品的设计文件提出加工方法。工艺文件还要根据各企业的生产设备、规模及生产的组织形式不同而有所不同。工艺文件是用于指导生产的，因此要做到正确、完整、统一、清晰。

5.2.2　工艺文件的作用

在产品的不同阶段，工艺文件的作用有所不同。试制试产阶段主要是验证产品的设计（结构、功能）和关键工艺。批量生产阶段主要是验证工艺流程、生产设备和工艺设备是否满足批量生产的要求。工艺文件的主要作用是：组织生产，建立生产秩序；指导技术，保证产量、质量；编制生产计划，考核工时定额；调整劳动组织，安排物资供应；工具、工装和模具管理；经济核算的依据；巩固工艺纪律；产品转厂生产时的交换资料；各厂之间可进行经验交流的依据。

5.2.3　工艺文件的种类

工艺文件可分为工艺管理文件和工艺规程两大类。工艺管理文件是供企业科学地组织生产、控制工艺的技术文件。工艺管理文件包括工艺路线表、材料消耗工艺定额表、专用及标准工艺装备表和配套明细表等。工艺规程是规定产品和零件制作工艺过程和操作方法等的工艺文件，是工艺文件的主要部分。工艺规程按使用性质和加工专业又可进行不同的分类。工艺规程按性质可分为专用工艺（专为某产品或组装件的某一工艺阶段编制的一种文件）、通用工艺（几种结构和工艺特性相似的产品或组装件所用的工艺文件）和标准工艺（某些工序的工艺方法经长期生产考验已定型，并纳入标准的工艺文件）等；按专业技术可分为机械加工工艺卡、电器装配工艺卡、扎线接线工艺卡、绕线工艺卡等。

5.2.4　工艺文件的编制原则和方法

1）工艺文件的编制原则

编制工艺文件应在保证产品质量和有利于稳定生产的条件下，用最经济、最合理的工艺手段并坚持少而精的原则。为此，要做到以下几点。

① 既要具有经济上的合理性和技术上的先进性，又要考虑企业的实际情况，具有适应性。

② 必须严格与设计文件的内容相符合，应尽量体现设计的意图，最大限度地保证设计质量的实现。

③ 要力求文件内容完整正确，表达简洁明了、条理清楚、用词规范严谨，并尽量采用视图加以表达，要做到不需要口头解释，根据工艺规程，就可以进行一切工艺活动。

④ 要体现品质观念，对质量的关键部位及薄弱环节应重点加以说明。

⑤ 尽量提高工艺规程的通用性，对一些通用的工艺应上升为通用工艺。

⑥ 表达形式应具有较大的灵活性及适应性，当发生变化时，文件需要重新编制的比例压缩到最低程度。

2）工艺文件的编制方法

① 仔细分析设计文件的技术条件、技术说明、原理图、装配图、接线图、线扎图及有关零部件图，并参照样机，将这些图中的焊接要求与装配关系逐一分析清楚。

② 根据实际情况，确定生产方案，明确工艺流程和工艺路线。

③ 编制准备工序的工艺文件。凡不适合在流水线上安装的元器件和零部件，都应安排到准备工序完成。

④ 编制总装流水线工序的工艺文件。先根据日产量确定每道工序的工时，然后由产品的复杂程度确定所需的工序数。在编制总装流水线工艺时，应充分考虑各工序的均衡性和操作的顺序性，最好按局部分片的方法分工，避免上下翻动机器和前后焊装等不良操作，并将安装与焊接工序尽量分开，以简化工人的操作。

5.2.5 工艺文件的编号和简号

工艺文件的编号是指工艺文件的代号，简称"文件代号"。它由三部分组成：企业区分代号、该工艺文件的编制对象（设计文件）的十进制分类编号和工艺文件检验规范的简号。必要时，工艺文件简号可加区分号予以说明，如图 5-6 所示。

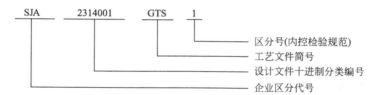

图 5-6 工艺文件的编号

① 企业区分代号。由大写的汉语拼音字母组成，用以区分编制文件的单位。

② 设计文件十进制分类编号。

③ 工艺文件的简号。由大写的汉语拼音字母组成，用以区分编制同一产品的不同种类的工艺文件。

④ 区分号。当同一简号的工艺文件有两种或两种以上时，可用标注脚号（数字）的方法来区分工艺文件。

常用工艺文件的简号规定详见表 5-2。

表 5-2 工艺文件的简号规定

序 号	工艺文件名称	简 号	字母含义
1	工艺文件目录	GML	工目录
2	工艺路线表	GLB	工路表
3	工艺过程卡	GGK	工过卡
4	元器件工艺表	GYB	工元表
5	扎线加工表	GZB	工扎表
6	各类明细表	GMB	工明表
7	装配工艺过程卡	GZP	工装配
8	工艺说明及简图	GSM	工说明
9	塑料压制件工艺卡	GSK	工塑卡
10	电镀及化学镀工艺卡	GDK	工镀卡
11	电化涂覆工艺卡	GTK	工涂卡
12	热处理工艺卡	GRK	工热卡
13	包装工艺卡	GBZ	工包装
14	调试工艺	GTS	工调试
15	检验规范	GJG	工检规
16	测试工艺	GCS	工测试

工艺文件用各类明细表详见表 5-3。对于填有相同工艺文件名称及简号的各工艺文件，不管其使用何种格式，都应认为是属于同一份独立的工艺文件，它们应在一起计算其张数。

表 5-3　工艺文件用各类明细表

序　号	工艺文件各类明细表	简　号
1	材料消耗工艺定额汇总表	GMB1
2	工艺装备综合明细表	GMB2
3	关键件明细表	GMB3
4	外协件明细表	GMB4
5	材料工艺消耗定额综合明细表	GMB5
6	配套明细表	GMB6
7	热处理明细表	GMB7
8	涂覆明细表	GMB8
9	工位器具明细表	GMB9
10	工量器件明细表	GMB10
11	仪器仪表明细表	GMB11

5.2.6　工艺文件的成册及实例

工艺文件的成册要求是指对某项产品成套性工艺文件的装订要求。它可按设计文件所划分的整件为单元进行成册，也可按工艺文件中所划分的工艺类型为单元进行成册，同时也可以根据其实际情况按上述两种方法进行混合交叉成册。成册的册数根据产品的复杂程度可成为一册或若干册，但成册应有利于查阅、检查、更改、归档。

通过制作超外差式收音机实例，反映电子产品在生产过程中的工艺文件应包含的主要项目如下。

1）工艺文件封面

工艺文件封面位于成册的工艺文件的最前面。封面内容应包括产品类型、产品名称、产品图号、成册内容以及工艺文件的总册数、本册工艺文件的总页数、在全套工艺文件中的序号、批准日期等。工艺文件封面的格式如表 5-4 所示。

表 5-4　工艺文件封面的格式

工艺文件	
共××册 ………………………………………………………………………	①
共××页 ………………………………………………………………………	②
共××册 ………………………………………………………………………	③
产品型号：HX108-2 ……………………………………………………………………	④
产品名称：超外差式收音机 ……………………………………………………………	⑤
产品图号：×× …………………………………………………………………………	⑥
产品内容：工艺文件封面、工艺文件目录、工艺流程图、材料消耗定额表、仪器仪表明细表、电路原理图、单层 　　　　　PCB板图、导线及线扎加工表、工艺过程表、工时消耗定额表、工艺说明、整机组装效果图、调试流 　　　　　程图、测量与调试卡 ……………………………………………………………	⑦
××批准 ……………………………………………………………………	⑧
×年×月×日 …………………………………………………………………	⑨
××公司 ………………………………………………………………………	⑩

填写要求如下。

- ① 栏填写产品工艺文件本册的编号（册次）；
- ② 栏填写产品工艺文件本册的页数；
- ③ 栏填写产品工艺文件的总册数；
- ④ 栏填写产品型号；
- ⑤ 栏填写产品名称；
- ⑥ 栏填写产品图号；
- ⑦ 栏填写本册工艺文件的主要内容；
- ⑧ 栏为单位技术负责人签名；
- ⑨ 栏填写批准工艺文件的日期；
- ⑩ 栏填写本单位名称的全称。

2）工艺文件目录

工艺文件目录就是工艺文件明细表，成册时，应装在工艺文件封面之后。多册成套的工艺文件应具备成套工艺文件的总目录表和各分册的目录表。明细表中包含零件、部件、整件图号，零件、部件、整件名称，文件代号，文件名称和页码等内容。工艺文件明细表的格式如表 5-5 所示。

表 5-5　工艺文件明细表的格式

		工艺文件目录		产品名称和型号		产品图号
				HX108-2 超外差式收音机		××
	序号	文件代号、名称	零件、部件、整件图号	零件、部件、整件名称	页数	备注
	1①	②B1	封面③	④	⑤1	⑥
	2	GML	目录		1	
	3	GSM1	工艺流程图		1	
	4	GMB5	材料消耗定额表		1	
	5	GMB11	仪器仪表明细表		1	
	6	DL1	电路原理图		1	
	7	T1	单层 PCB 图		1	
	8	GZB	导线及线扎加工表		1	
	9	GGK	工艺过程卡		1	
	10	B4	工时消耗定额表		1	
	11	JS1	工艺说明 1		1	
	12	JS2	工艺说明 2		1	
	13	ZH1	整机组装效果图		1	
	14	GSM2	调试流程图		1	
	15	GTS	测量与调试卡		1	
使用性						
旧底图总号						

底图总号	更改标记	数量	文件号	签名	日期	签名	日期	第　页
						拟制		
						审核		共　页
日期	签名							
							第　册	第　页

填写说明如下。

- ①栏采用阿拉伯数字填写；
- ②栏填写工艺文件格式代号和名称；
- ③和④栏填写零件、部件、整件的图号和名称；
- ⑤栏填写该项工艺文件的总页数；
- ⑥栏通常填写该项工艺文件所在的册次。

3）工艺流程图

工艺流程图便于生产的组织者进行生产安排等。流程图应是每个工序与工艺文件的内容一一对应。在工艺设计时，优先设计工艺流程，工艺流程的设计需要依据实际工序、工时及生产情况，设计时应考虑产能和平衡率。格式如表5-6所示。

表5-6　工艺流程图格式表

工艺流程图			产品名称			产品图号
			HX108-2 超外差式收音机			××

工艺流程图

元器件预成型 → 印制板插件 → 插件检验 → 印制板浸焊 → 印制板补焊 ↓ 印制板装硬件 ← 基板开口 ← 基板调试 ← ... 导线预加工 → 前壳组件装配 整机总装 → 整机调试(1) → 整机调试(2) → 整机包装 拉线组件装配

旧底图总号	更改标记	数量	更改单号	签名	日期	签名	日期	第　页
						拟制		共　页
底图总号						审核		第　册
						标准化		共　册

4）材料消耗定额表

材料消耗定额表（其中包含元器件清单）可以让使用者看清楚电子产品生产中所消耗的元器件名称、型号规格及数量等，其格式如表 5-7 所示。

表 5-7　材料消耗定额表

材料消耗定额表		产品名称		产品图号
		HX108-2 超外差式收音机		××
序号	器件类型	器件参数	数量	备注
1	D1、D2、D3	1N4148	各1个	二极管
2	9018H	V1、V2、V3、V4	各1个	三极管
3	9014C	V5	1个	三极管
4	9013H	V6、V7	各1个	三极管
5	5mm×13mm×55mm	B1	1套	磁棒及天线线圈
6	红	B2	1个	振荡线圈
7	黄、白、黑	B3、B4、B5	3个	中周
8	E型六个引出脚	B6	1个	输入变压器（蓝绿）
9	E型六个引出脚	B7	1个	输出变压器（黄）
10	100kΩ	R1、R10	各1个	电阻器
11	2kΩ	R2	1个	电阻器
12	100Ω	R3、	1个	电阻器
13	20kΩ	R4	1个	电阻器
14	150Ω	R5	1个	电阻器
15	62kΩ	R6	1个	电阻器
16	51Ω	R7	1个	电阻器
17	1kΩ	R8、R11	各1个	电阻器
18	680Ω	R9	1个	电阻器
19	220Ω	R12	1个	电阻器
20	24k	R13	1个	电阻器
21	5kΩ	W	1个	电位器（音量调节）
22	CBM-223P	C1	1个	双联电容
23	223	C2、C5、C6、C7、C8、C9、C11、C12、C13	各1个	瓷片电容
24	103	C3	1个	瓷片电容
25	4.7μF	C4、C10	各1个	电解电容
26	100μF	C14、C15	1个	电解电容
27	0.5W	Y	1个	扬声器
28			1个	收音机前盖
29			1个	收音机后盖
30			1个	磁棒支架
31			1块	印刷电路板
32			1份	电原理图及装配说明
33			1套	电池正负极簧片（3件）
34			1套	自攻螺丝

旧底图总号	更改标记	数量	更改单号	签名	日期		签名	日期	第　页
						拟　制			共　页
底图总号						审　核			第　册
						标准化			共　册

5）仪器仪表明细表

仪器仪表明细表可以让使用者清楚操作过程所需要的仪器仪表，能够及时发现现有的仪器仪表的完备情况，其格式如表 5-8 所示。

表 5-8　仪器仪表明细表

仪器仪表明细表			产 品 名 称	产 品 图 号
			HX108-2 超外差式收音机	××
序号	型　号	名　称	数　量	备　注
1		高频信号发生器		
2		示波器		
3		3V 稳压电源		
4		毫伏表		
5		指针万用表		
6		数字万用表		
旧底图总　号	更改标记	数量	更改单号	签名　日期	签名　日期	第　页
				拟制		共　页
底　图总　号				审核		第　册
				标准化		共　册

6）电路原理图

电路原理图可以让使用者看清楚电路的具体设计，其格式如表 5-9 所示。

表 5-9　电路原理图格式

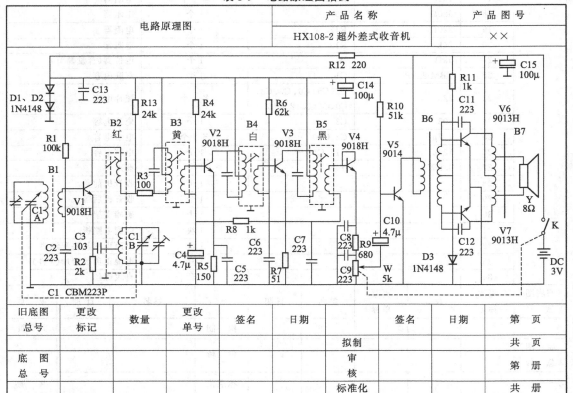

电路原理图			产 品 名 称	产 品 图 号
			HX108-2 超外差式收音机	××

旧底图总　号	更改标记	数量	更改单号	签名　日期	签名　日期	第　页
				拟制		共　页
底　图总　号				审核		第　册
				标准化		共　册

7）单层 PCB 图

PCB 图可以看清楚电路图的大致模块，也可以看清楚元器件在 PCB 上的分布位置，其格式如表 5-10 所示。

表 5-10 PCB 图格式

单层 PCB 图		产 品 名 称	产 品 图 号
		HX108-2 超外差式收音机	××

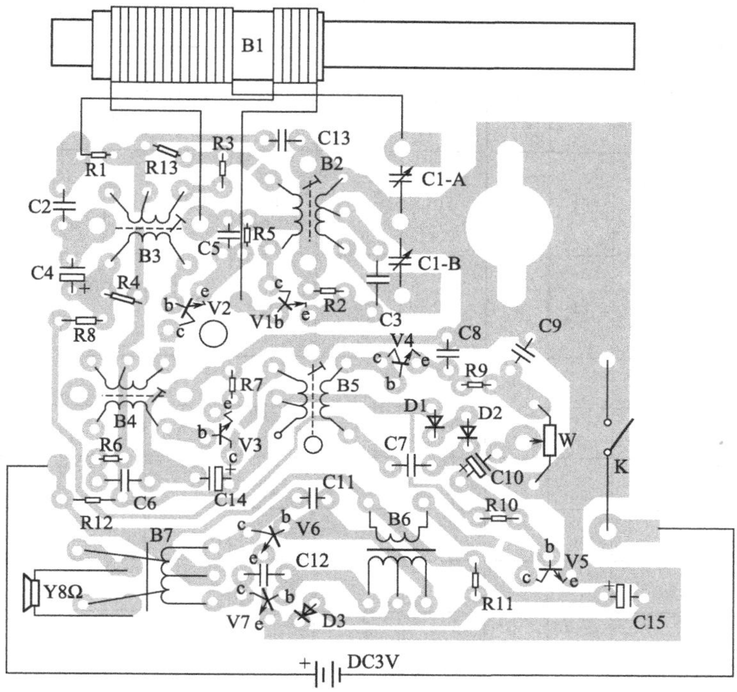

旧底图总号	更改标记	数量	更改单号	签名	日期		签名	日期	第　页
						拟制			共　页
底图总号						审核			第　册
						标准化			共　册

8）导线及线扎加工表

导线及线扎加工表为整机产品、分机、部件等进行系统的内部电路连接提供各类相应的导线及扎线、排线等的材料和加工要求。导线及线扎加工表格式如表 5-11 所示。

填写说明如下。

• ①、②栏填写导线的线号、名称、牌号、规格；

• ③栏按设计文件填写导线的颜色；

• ④栏填写导线的数量；

• ⑤栏填写导线的长度（包括剥头尺寸）、修剥长度尺寸；

表 5-11 导线及线扎加工表格式

						导线长度/mm⑤			产品名称 HX108-2 超外差式收音机			产品图号 ××	
导线及线扎加工表													
序号	线号	名称、牌号、规格	颜色	数量		L	A端剥头（全长）	B端剥头（全长）	连接点Ⅰ	连接点Ⅱ	设计及工装	工时定额/s	备注
1	1-1①	塑料线 AVR1×12②	红③	1④		50	5	5	PCB⑥	正极垫片⑦	⑧	10⑨	
2	1-2	塑料线 AVR1×12	黑	1		50	5	5	PCB	负极弹簧		10	
3	1-3	塑料线 AVR1×12	白	1		50	5	5	PCB	扬声器（＋）		10	
4	1-4	塑料线 AVR1×12	白	1		50	5	5	PCB	扬声器（－）		10	
使用性													
旧底图总号													
总图号						⑩							
									设计				
									审核				
日期签名									标准化				
	更改标记	数量	更改单号	签名	日期		批准				第 页	共 页	
					描图：				描校：				

- ⑥、⑦填写导线的去向；
- ⑧栏填写导线加工所需设备及工装的名称、型号和编号；
- ⑨栏填写工时定额；
- ⑩栏绘制导线及线扎的工艺简图。

9）工艺过程卡

工艺过程卡可以让操作者清楚哪些元器件应该放在 PCB 什么位置以及插放的顺序，是整个操作过程的详细步骤，其格式如表 5-12 所示。

表 5-12　工艺过程卡

	工艺过程表		产 品 名 称	计划生产件数
			HX108-2 超外差式收音机	90
	序号	工位顺序号	作业内容摘要	备　　注
	1	插件 1	插入电阻,二极管	
	2	插件 2	插入元片电容	
	3	插件 3	插入晶体三极管	
	4	插件 4	插入中周、输入输出变压器	
	5	插件 5	插入电位器、电解电容	
	6	插件 6	插入天线线圈	
	7	插件 7	插入电池夹引线、喇叭引线	
	8	插件检验	检验插件工艺质量	
	9	浸焊	印制电路板焊接	
	10	补焊 1	修补焊点	
	11	补焊 2	修补焊点	
	12	装硬件 1	装双联电容器	
	13	装硬件 2	装开关电位器、磁棒支架	
	14	装硬件 3	装焊线圈	
	15	开　口	量工作点、整机电流	
	16	基板调试	调中频	
	17	总装 1	装拉线,焊线	
	18	总装 2	焊喇叭线,整理,进壳	
	19	整机调试 1	调频率范围	
	20	整机调试 2	统调,检查跟踪点	
	21	整机调试 3	装旋钮,后盖,包装	

旧底图总　号	更改标记	数量	更改单号	签名	日期		签名	日期	第　页
						拟　　制			共　页
底　图总　号						审　　核			第　册
						标准化			共　册

10）工时消耗定额表

工时消耗定额表可以了解到一个插件需要的秒数，其格式如表 5-13 所示。

表 5-13 工时消耗定额表

工时消耗定额表			产品名称	产品图号
			HX108-2 超外差式收音机	××
序号	工序名称	工时数/s	数　　量	备　　注
1	插件 1	5	3	
2	插件 2	5	7	
3	插件 3	6	13	
4	插件 4	7	15	
5	插件 5	5	7	
6	插件 6	6	1	
7	插件检验	6	1	
8	浸焊	8	1	
9	补焊 1	7	1	
10	补焊 2	6	1	
11	装硬件 1	5	1	
12	装硬件 2	5	1	
13	装硬件 3	5	1	
14	开口	6	1	
15	基板调试	8	1	
16	总装 1	8	1	
17	总装 2	8	1	
18	整机调试 1	8	1	
19	整机调试 2	8	1	
20	整机调试 3	8	1	

旧底图总　　号	更改标记	数量	更改单号	签名	日期		签名	日期	第　页
						拟　制			共　页
底　图总　号						审　核			第　册
						标准化			共　册

11）工艺说明

工艺说明是对工艺过程中出现的一些问题作重要提醒，并作出正确的达标说明，工艺说明 1、工艺说明 2 分别如表 5-14 、表 5-15 所示。

表 5-14 工艺说明 1

工艺说明 1		产品名称	产品图号
		HX108-2 超外差式收音机	××

焊锡不足　　焊锡适量　　焊锡过多

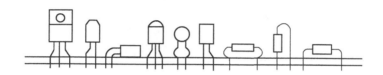

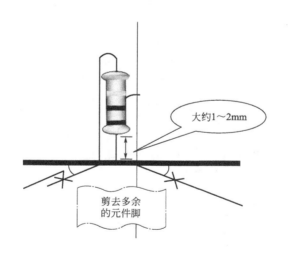

大约1～2mm

剪去多余
的元件脚

旧底图 总号	更改 标记	数量	更改 单号	签名	日期		签名	日期	第　页
						拟 制			共　页
底　图 总　号						审 核			第　册
						标准化			共　册

表 5-15　工艺说明 2

工艺说明 2		产品名称	产品图号
		HX108-2 超外差式收音机	××

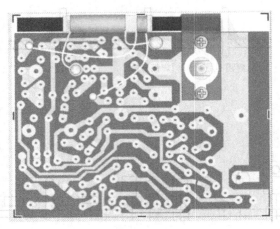

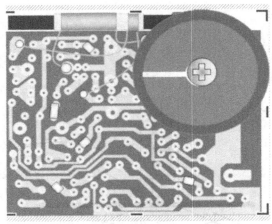

旧底图总号	更改标记	数量	更改单号	签名	日期		签名	日期	第　页
						拟制			共　页
底图总号						审核			第　册
						标准化			共　册

12）整机组装效果图

经过一系列的正确的工艺过程，最后得到 HX108-2 超外差式收音机的整机组装效果图，如表 5-16 所示。

表 5-16　整机组装效果图格式

整机组装效果图		产 品 名 称	产 品 图 号
		HX108-2 超外差式收音机	××

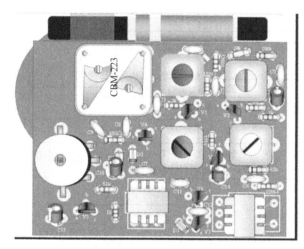

旧底图总号	更改标记	数量	更改单号	签名	日期		签名	日期	第　　页
						拟制			共　　页
底　图总　号						审核			第　　册
						标准化			共　　册

13）调试流程图

在调试之前，应保证收音机工作在无故障状态。若工作不正常，找出原因、排除故障后才能进一步调试。调试流程图格式如表 5-17 所示。

表 5-17 调试流程图格式

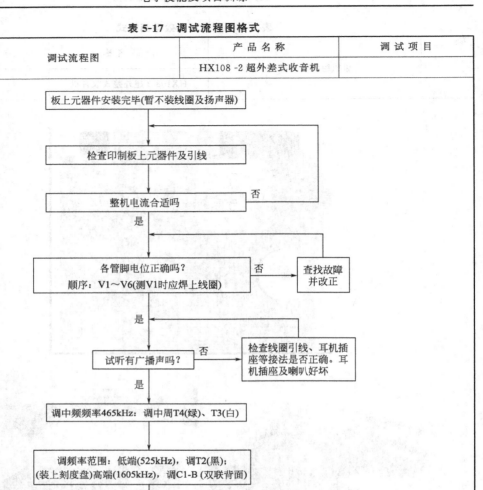

调试流程图		产品名称	调试项目
		HX108-2超外差式收音机	

（流程图内容）

板上元器件安装完毕(暂不装线圈及扬声器)

检查印制板上元器件及引线

整机电流合适吗 —否

各管脚电位正确吗？
顺序：V1～V6(测V1时应焊上线圈) —否→ 查找故障并改正

试听有广播声吗？ —否→ 检查线圈引线、耳机插座等接法是否正确。耳机插座及喇叭好坏

调中频频率465kHz：调中周T4(绿)、T3(白)

调频率范围：低端(525kHz)，调T2(黑)；
(装上刻度盘)高端(1605kHz)，调C1-B(双联背面)

统调：低端(525kHz)，调磁棒线圈T1；
高端(1605kHz)，调C1-A(双联背面)

固定扬声器；装面板及网罩；整理转动件等

交检验

旧底图总号	更改标记	数量	更改单号	签名	日期		签名	日期	第　页
						拟制			共　页
底　图总　号						审核			第　册
						标准化			共　册

14) 测量与调试卡

测量与调试卡格式如表 5-18 所示。

表 5-18　测量与调试卡格式

测量与调试卡		产品名称	调试项目
		HX108-2 超外差式收音机	

类别	测量内容	万用表量程
电阻 R	电阻值	×10、×100、×1k
电容 C	电容绝缘电阻	×10k
三极管 (h_{FE})	晶体管放大倍数 9018H(97～146) 9014C(200～600)、9013H(144～202)	h_{FE}
三极管	正、反向电阻	×1k
中间	红 4Ω／0.3Ω　0.4Ω　黄 2Ω／4Ω 白 1.8Ω／3.8Ω　0.4Ω　黑 2Ω／4.5Ω 初次级为无穷大	×1
输入变压器（蓝色）	90Ω 90Ω　220Ω 自耦变压器 无初次级	×1
输出变压器（红色）	90Ω 90Ω　0.4Ω 1Ω 0.4Ω 0.3Ω 0.3Ω	×1

旧底图总号	更改标记	数量	更改单号	签名	日期		签名	日期	第　页
						拟制			共　页
底图总号						审核			第　册
						标准化			共　册

技能练习

1. 编写关于声控路灯电路板制作简单设计文件（任务见项目 6 的技能练习）。

2. 编写关于声控路灯电路板制作的简易工艺文件（任务见项目 6 的技能练习）。

3. 如何撰写一份规范的电子产品制作实训报告书？该报告书应包含哪些部分？

项目 6 小型电子产品的制作

【项目描述】

本项目通过两个典型的小型电子产品的设计与制作，从任务分析出发，经过总体方案设计、单元电路设计、总电路图的设计、元器件的选择、元器件清单列出，进行 PCB 设计与制作，最后进行装接与调试。通过该项目的学习，能体验小型电子产品制作的全过程，能极大提高学员对小型电子产品制作的兴趣。

【学习目标】

(1) 会正确并熟练识别元器件。

(2) 会正确并熟练使用焊接工具及电子测量工具。

(3) 能体验并模拟制作小型电子产品。

(4) 能写出一份规范的电子制作实训报告。

【学习任务】

(1) 制作一个简易直流稳压电源。

(2) 制作一个便携式喊话器。

任务 6.1 简易直流稳压电源的制作

6.1.1 任务书

1) 题目

设计并制作一个双输出正负 12V 的简易直流稳压电源。

2) 参数要求

① 输入电压为 220V 交流电压。

② 双输出的 DC 值是 ±12V，输出电压波动范围小于 0.3V。

③ 稳压系数尽量大，输出电阻尽量小。

④ 自制单层电路板，印制板尺寸 60mm×40mm，焊盘尺寸要满足电气要求。

⑤ 元器件布局总体要求：变压器和整流电路布局在电路板其中的一端，各元件要布局合理、均匀，不允许有相互重叠现象，不允许有跳线存在。

⑥ 布线时要求连线均匀、规则，线宽满足一定的电气要求且要求尽量短。

⑦ 元器件装焊要求各元件管脚尽量短，各焊点要均匀、光滑。

⑧ 电路板按照正确的电子工艺要求安装元器件并焊接调试。

3) 实训报告书内容要求

① 报告书中应具有课题名称、目录、引言、正文、参考文献以及心得体会等，并附有标准评论页、标准封面和任务书。

② 正文中包含原理图电路及工作原理图、元器件安装图及印制板图、元器件明细表、调试方法及结果。

③ 引言中要说明设计与制作的目的、意义；正文中要有对设计出的满足要求的参考电路进行工作原理的分析说明，要对电子作品的制作过程进行详细说明，包含电路板制作、焊接等，要对安装及调试过程中的有关问题进行说明，包括调试电路达到技术指标说明。

④ 报告书应不少于 3000 字。

⑤ 完成时间：20 学时。

6.1.2　设计过程

1）任务分析

直流稳压电源是一种通用的电源设备，它能为各种电子仪器和电路提供稳定的直流电源。当电网电压波动、负载变化和环境温度在一定范围内变化时，其输出电压能维持相对稳定。由于本课题需要输入电压为 220V 交流电压的情况下，直流稳压电源双输出 ±12V 的电压，所以采用由电源变压器、整流器、滤波器和稳压电路等四部分组成的简单直流稳压电源电路。

2）总体方案的设计

根据任务分析，直流稳压电源由电源变压器、整流器、滤波器和稳压电路四部分组成。其总体方案设计框图如图 6-1 所示。

图 6-1　总体方案设计框图

其原理是市电供给的 220V、50Hz 的交流电压 u_1 经电源变压器降压后得到符合电路需要的交流电压 u_2，然后由整流电流变换成方向不变、大小随时间变化的脉动电压 u_3，再用滤波器滤除其交流分量，就可以得到比较平直的直流电压 u_4。但这样的直流电压还会随交流电网电压的波动或负载的变化而变化，在对直流供电要求较高的情况下，还需要使用稳压电路，以保证输出直流稳压更加稳定。

3）电路设计

（1）单元电路设计

① 变压器　将 220V 的交流电压变为整流电路所需的 15V 交流电压，并起到直流电源部分与市电电网高压相隔离的作用，此变压器采用原边绕组匝数 N1 远大于副边绕组匝数 N2 的降压电源变压器，由于需要双输出，所以选用把中间抽头作零电位参考点的双输出变压器，如图 6-2 所示。

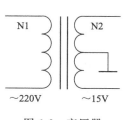

图 6-2　变压器

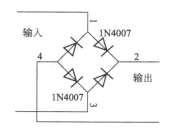

图 6-3　整流电路

这里需要的是直流 ±12V，而在变压后的交流电压是 15V，主要是为了保证最后的稳压电路中的调整环节有足够的调整空间，因为稳压电路中的输入电压与输出电压之间一般应有

3V 左右的压差。

　② 整流电路　要将交流 15V 电压变成方向不变、大小随时间变化的脉动电压，需要桥式整流电路，该电路由 4 只整流二极管组成，如图 6-3 所示。

　③ 滤波电路　滤波电路的作用是对整流部分输出的脉动直流电进行平滑，使之成为含交变成分很小的直流电压。这里一般采用大容量的电解电容，除了主要用于滤波外，还可以减轻外接电源浪涌带来的干扰。采用容量 1000μF 的极性电容滤波，由于是双输出，采用两个同样容量 1000μF 的电解电容接入电路，如图 6-4 所示。

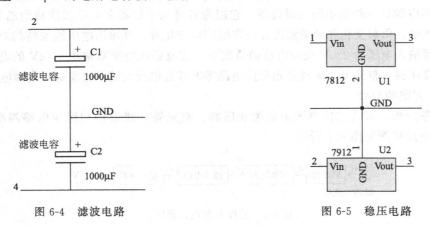

图 6-4　滤波电路　　　　　　　　　　图 6-5　稳压电路

　④ 稳压电路　交流电压通过整流、滤波后虽然变为交流分量较小的直流电压，但是当电网电压波动或者负载变化时，其平均值也随之变化。稳压电路的功能是输出直流电压基本不受电网电压波动及负载电阻变化的影响，从而获得足够高的稳定性。这里采用由基准电压、比较放大器、取样电路和调整电路等组成的三端式集成稳压器。由于需要双输出 ±12V，所以选用三端稳压块 7812 和 7912 接入电路，如图 6-5 所示。

　⑤ 辅助电路　为了保证有良好的输出电压，并防止电路损坏，对输入电路起保护作用，需要设计一些辅助电路，如图 6-6 所示。

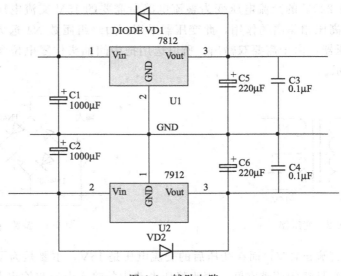

图 6-6　辅助电路

首先，为了改善纹波系数特性，抵消输入线较长（滤波电容到集成稳压电路距离大于15cm）时的电感效应，以防止产生自激振荡，有时在滤波电容和集成稳压电路之间加入一个电解电容，一般取值为 $0.33\mu F$。由于本课题两元件距离较近，而且任务书中对纹波系数没有严格要求，故本课题可以忽略该电容。

其次，为了平滑滤波和提高输出的直流电压，在集成稳压电路输出端或负载两端并联一个容量很大的电容，也可构成小功率直流稳压电源常用的电容滤波电路。利用该元件的充、放电，可以得到平滑滤波的效果，使负载两端电压比较平滑，从而得到比较理想的直流电压。本课题在每个集成稳压电路输出端并联 1 个 $220\mu F$ 的电解电容。

再次，为了改善负载的瞬态响应，消除输出电压中的高频噪声，在负载前面或集成稳压电路输出端并联一个补偿电容，可以取 $0.1\mu F$ 至几十微法之间的容量，一般取值 $0.1\mu F$。

最后，为了防止集成稳压电路的损坏，需要分别在三端稳压块 7812 和 7912 的输入端与输出端之间反向跨接一只二极管。这是由于稳压电路后并联有电容，当其容值较大时（有 $220\mu F$ 或几十微法的电容），一旦输入端断开，电容存储的电荷向稳压电路放电，在无输入电压的情况下很容易使稳压电路损坏。为避免出现这种情况，就在稳压电路输入端和输出端之间反向跨接二极管，在输入端断开时电容的电荷将通过二极管释放，就不会造成电路的损坏。

（2）电子元器件的选用

由于需要双输出 $\pm 12V$ 的电压，所以选用三端稳压块的型号为 LM7812 和 LM7912，其封装外形如图 6-7、图 6-8 所示。

图 6-7　LM7812 封装外形　　　　　　　　图 6-8　LM7912 封装外形

为了保证最后的稳压电路中的调整环节有足够的调整空间，根据经验值，LM7812 的输入端电压应为 15～20V 为宜，LM7912 的输入端电压应为 -20～$-15V$ 为宜，所以选用双组输出"15V、8W"变压器。

整流电路中的四个整流二极管选用 1N4007 即可满足要求，也可直接选用桥式整流成品（桥堆），型号为 2W06 或 KBP306，其封装外形如图 6-9、图 6-10 所示。

首次滤波电容选用 $1000\mu F$、25V 的铝电解电容；平滑滤波电容选用 $220\mu F$、16V 的铝电解电容；输出端补偿电容选用 104 的瓷片电容；起保护作用的二极管选用 1N4007 即可。

（3）电路参数计算

整流电路将交流电压 u_2 变换成脉动的直流电压 u_3。滤波电路把脉动直流电压 u_3 中的大部分纹波加以滤除，以得到较平滑的直流电压 u_4。u_4 与交流电压 u_2 的有效值的关系为

图 6-9　2W06 圆桥（封装 D-46）　　图 6-10　KBP306 排桥（封装 D-37）

$$U_4 = (1.1 \sim 1.2)U_2$$

在整流电路中，每只二极管所承受的最大反向电压为

$$U_{RM} = \sqrt{2}U_2$$

流过每只二极管的平均电流为

$$I_{VD} = \frac{I_R}{2} = \frac{0.45U_2}{R}$$

式中，R 为整流滤波电路的负载电阻，它为电容 C 提供放电通路，放电时间常数 RC 应满足

$$RC > \frac{(3 \sim 5)T}{2}$$

式中，$T = 20\text{ms}$，是 50Hz 交流电压的周期。

集成稳压电路输入端的电压 $U_4 > (12+2)\text{V}$。

（4）总电路图的设计

简易直流稳压电源电路原理图如图 6-11 所示。

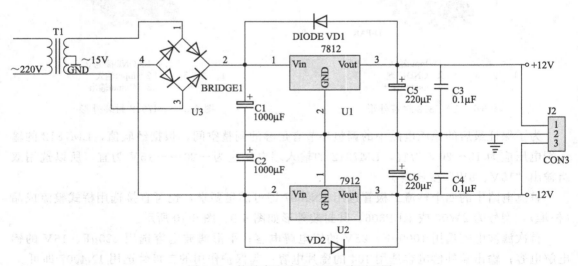

图 6-11　简易直流稳压电源电路原理图

由于变压器体积大、质量大，最好不直接安装在电路板上，一般在电路板上用插接件进行连接，故改装后的有连接件的电路原理图如图 6-12 所示。

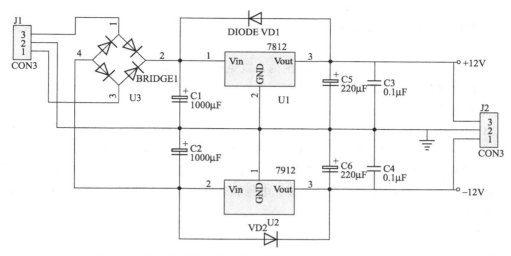

图 6-12　用连接件替换变压器的简易直流稳压电源电路原理图

（5）工作原理

市电 220V 交流电经 220V/15V 的变压器变为 15V 交流电，又经二极管组成的桥式整流电路变为 ±15V 的含有较大交流成分的脉动直流电，该直流电经电容滤波后将整流输出电压的脉动程度降低，变为波形较平直的直流电，经集成稳压器后变成较为稳定的直流电，经平滑滤波后变成平滑的、纹波系数较小的、较为稳定的 ±15V 直流电。

（6）元器件清单

根据简易直流稳压电源电路原理图，列出其元器件清单如表 6-1 所示。

表 6-1　简易直流稳压电源的元器件清单

序号	元件类型	标号	元件封装	型号参数	数量	备注
1	0.1μF	C3、C4	RAD0.1	104	2 支	陶瓷电容
2	220μF	C5、C6	RB.2/.4	220μF/16V	2 支	电解电容
3	1000μF	C1、C2	RB.2/.4	1000μF/25V	2 支	电解电容
4	7812	U1	TO-220	LM7812	1 支	三端稳压器
5	7912	U2	TO-220	LM7912	1 支	三端稳压器
6	BRIDGE1	U3	D-37	KBP306 排桥	1 支	整流桥堆
7	CON3	J1、J2	HDR1X3	单排插接件	2 支	插接件
8	DIODE	VD1、VD2	DIODE0.4	1N4007	2 支	二极管
9	TRANS1	T1	TRAF_FL2_8	220V/15V,8W	1 个	变压器
10					2 片	散热片

4）审图

在电路设计过程中可能有些问题考虑不周，各种计算可能出现错误，故在画出总电路图并计算全部参数后，要进行全面审查。

① 先从全局出发，检查总体方案是否合适，有无问题，再检查各单元电路的原理是否正确，电路形式是否合适，必要时还要进行电路仿真。

② 检查电路中有无烦琐之处，是否可以简化。

③ 根据图中所标出的各种元器件的类型、参数等，验算能否达到指标要求，有无一定的裕量。

④ 要特别指出元件应工作在额定范围内，以免通电时损坏。

⑤ 解决发现的所有问题，并人工复查一遍。

6.1.3　制作过程

PCB（Printed Circuit Board）即印刷电路板，也称电子线路板或电路板。电路板就像人身上的"脊梁骨"，所有产品要运行，需要它来支撑。它是电子元器件变成产品的关键互连件，是为各种电子元件提供连接的"温床"，主要为电子元器件提供了固定和装配的机械支撑，实现电子元件之间的布线和电气连接、电绝缘来满足其电气特性。因此，任何电子产品均离不开 PCB。

1）PCB 设计

（1）设计原则

• PCB 外形：一般为矩形，长宽比为 3：2 或 4：3，厚度一般在 0.5～2mm，如图6-13所示。

• PCB 基准标志：整板、子板、大器件定位，成对使用；在周围 1.5mm 内无阻焊区（批量生产），如图 6-13 所示。

• PCB 定位孔：大小为（4±0.1）mm，为了定位迅速，其中一个孔可以设计成椭圆形状。PCB 拼板内的每块小板至少要有三个定位孔（批量生产）。

• PCB 夹持边：范围应为 4mm，在此范围内不允许有元器件和连接盘（批量生产）。

• 焊盘尺寸：一般焊盘孔的内径比元器件引脚直径大 0.3mm。

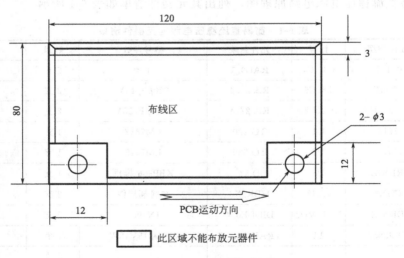

图 6-13　PCB 外形设计图

• 均匀分布：PCB 元器件分布尽可能地均匀，大质量元件必须分散。

• 平行排列：一般电路尽可能使元器件平行排列，易于批量生产；距离边缘一定要有 3～5mm 的距离；稍小的一些集成电路（SOP）如要沿轴向排列，阻容组件则垂直轴向排列，所有这些方向都相对 PCB 的生产过程的传送方向。

• 同类元器件：尽可能按相同的方向排列，特征方向应一致，便于元器件的机械化贴装。如电解电容器极性、二极管的正极、三极管的单引脚端、集成电路的第一脚等。所有元器件编（位）号的印刷方位相同。

- 对称性：对于同一个元件，凡是对称使用的焊盘（如片状电阻、电容、SOIC、SOP等），设计时应严格保持其全面的对称性，即焊盘图形的形状与尺寸应完全一致。
- 检测点：凡用于焊接元器件的焊盘，绝不允许兼做检测点用，为了避免损坏元器件，必须另外设计专用的检测焊盘，以保证焊接检测和生产调试的正常进行。
- 多引脚：元器件（如 SOIC、QFP 等）引脚焊盘之间的短接处不允许直通，应由焊盘加引出互连线之后再短接，以免产生桥接。
- 基准标志：为了确保贴装精度，印制板上应设计有基准标志，基准标志位于其对角处。最好采用非永久性阻焊膜涂敷在标志上。
- 图形标记：焊盘内不允许印有字符和图形标记；标志符号离焊盘边缘距离应大于 0.5mm。
- 元件布局：要满足再流焊、波峰焊的工艺要求以及间距要求。
- 功能单元：确定功能单元电路的位置，数字、模拟器件分开，尽量远离。
- 留边距：留出固定电路板螺钉孔的位置，元器件距离电路板板边距离一般不少于 2mm，但对于机插元件的分布，在 PCB 传板方向上、下边距边缘 5mm 内不应有元件。
- 易调节：需要调节的元器件，如电位器、可变电容、可调电感等要安放在容易调节的位置。
- 要散热：发热元件要布置在靠近外壳或通风良好的地方，必要时需固定在散热片上或机箱上以便散热，禁止固定在印制板上，热敏元件要远离发热源。

（2）布线规则

- 最短走线原则：线越短电阻越小，干扰越小，元件之间的走线必须最短。
- 导线的最小宽度：主要由导线与绝缘基板间的黏附强度和流过它们的电流值决定。当铜箔厚度（0.5mm）×宽度（1～15mm）时，通过 2A 的电流，导线宽度为 1.5mm；对于数字集成电路，选 0.02～0.3mm 导线宽度，间距小于 5～8mm。
- 走线方式：同一层上的信号线改变方向时，应走斜线，拐角处尽量避免锐角，一般取圆弧形，尽量避免使用大面积铜箔，必须用大面积铜箔时，最好用栅格状。
- 多层板：每个层的信号线走线方向与相邻板层的走线方向要不同。多层板走线要求相邻两层线条尽量垂直、走斜线、交叉布线。
- 输入输出端用的导线：应尽量避免相邻平行，避免在窄间距元件焊盘之间穿导线，确实需要的应采用阻焊膜对其加以覆盖。
- 差分信号线：应该成对地走线，尽力使它们平行、靠近一些，并且长短相差不大。
- 高频信号：高频要注意屏蔽，在布线结构设计上进行变化。高频信号多采用多层板，电源层、地线层和信号层分开，用地线做屏蔽，信号线在外层，电源层和地层在里层。
- 地线宽度＞电源线宽度＞信号线宽度：通常电源线宽度为 1.2～1.5mm，公共地线大于 2～3mm 的线宽。

（3）草图设计

对于初次进行 PCB 设计的设计者来说，要设计一块 PCB 绝非易事。在元器件到手，认识元器件封装以后，要能准确反映实际元器件在 PCB 上的位置以及连接关系，就有必要进行草图设计。在草图中，一般要求按照 PCB 的实际尺寸绘制出元器件引脚对应的焊盘位置以及间距，焊盘间的相互连接，导线的走向、形状，PCB 的外形尺寸。

① 草图设计原则（以简易直流稳压电源单面 PCB 为例）。

第一，通过反复排列元器件位置，使元器件在同一纸面上按照电路原理图接通，并且彼此之间的连线不能交叉，如遇交叉就要反复重新调整元器件的位置或方向，直到无交叉导线为止；实在不行，就只有采用跳线解决。本课题中特别要注意 7812 和 7912 的散热处理。

第二，不交叉单面图基本完成后，就可进行排版草图绘制，要求元器件的位置及尺寸大体固定，导线排定，尽量做到短、少、疏。

第三，绘制正式排版草图，要求板面尺寸、印制导线的连接及走向、PCB 上各焊盘孔的位置及尺寸都要与实际版面相同，并明确地标注出来（图的比例应根据 PCB 上图形的密度和精度来决定，可以采用 1:1、1:2、1:4 等比例进行绘制，一般采用的 1:2 的图形比例）。

② 草图的具体操作步骤（以简易直流稳压电源单面 PCB 为例）。

第一，按照草图尺寸在坐标纸上画出板面轮廓尺寸（简易直流稳压电源 PCB 大小是 60mm×40mm），并在边框下面或右边留出一定空白区域，用于书写技术要求说明。

第二，把实际元器件放在纸面上对应位置，分别作投影。用铅笔轻轻画出各元器件的外形轮廓，注意各元器件的轮廓尺寸要与实物相对应，并按照 PCB 设计相关原则使元器件的间距尽可能接近一致。

第三，用实际元件的引脚确定焊盘位置。对于径向元件（如电解电容，集成稳压块 7812、7912 插件），直接用引脚接触纸面绘制出焊盘间距和大小；对于轴向元件（如二极管、电阻插件），需要先进行元件引脚整形，弯折后的引脚接触纸面绘制出焊盘间距和大小。

第四，勾画印制导线。按照 PCB 布线相关规则勾画导线，导线总体横平竖直，拐角不能是直角，可以是圆角，也可以是 45°角。

第五，经检查核对无误后，用铅笔重描焊点和印制导线。

第六，标明焊盘尺寸、导线宽度及相关技术要求。

（4）软件设计

现代电子设计主流的 EDA 软件很多。基于 PCB 设计的常用 EDA 软件有 Protel、OR-CAD、PowerPCB、EWB 等，主要用于 PCB 的布局布线设计和几千门级的集成电路板设计。关于几种 EDA 软件的介绍与操作，这里不做详述。图 6-14 所示是某学生用 Protel 软件绘制出的用于手工制作方法的简易直流稳压电源单面 PCB 图。

2）PCB 制作

（1）手工制作方法

对初学者来说，练习手工制作 PCB 是必要的。在此基础上，为学习 Protel 等 EDA 软件打下良好基础。同时在新产品试制阶段，普遍采用手工制作 PCB。手工制作方法一般主要有以下 5 种方法。

① 刻铜法。操作步骤：电路原理图→绘制出 PCB 图（1:1）→贴在覆铜板上 ［或在覆铜板上直接绘制 PCB 图（1:1）］→用小刀刻下不用的铜箔→钻孔。

直接刻铜法适用于一些电路比较简单、线条较少的 PCB。在进行布局排版绘制时，要求导线形状尽量简单，一般将焊盘与导线合为一体，形成多块矩形。平行的矩形图形具有较大的分布电容，由于个别特殊电路需要，有时形成圆形或椭圆形图形。直接刻铜法所用刻刀

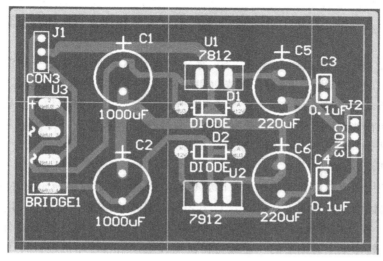

图 6-14　用 Protel 软件绘制出的简易直流稳压电源单面 PCB 图

可以用废的锋钢锯条自己磨制，要求刀尖既硬且韧。制作时，按照拓好的图形用刻刀沿钢尺刻划铜箔，使刀刻深度划透铜箔，然后将不要保留的铜箔边角用尖刀挑起，再用镊子（或钳子）夹住将其撕下来。

② 刻胶法。操作步骤：电路原理图→在覆铜板上直接绘制 PCB 图（1∶1）→用宽度 60mm 以上的透明胶覆盖全板→用小刀刻下没有覆盖焊盘和导线的透明胶→浸入三氯化铁腐蚀液中腐蚀→用清水清洗→干燥铜板→钻孔→用砂纸磨掉焊盘上残余透明胶以及铜箔保护膜→涂助焊剂。

③ 漆图法。操作步骤：电路原理图→在覆铜板上直接绘制 PCB 图（1∶1）→用 PCB 绿油笔（油漆笔）沿图形轨迹反复多次描图覆盖图形→等油漆干燥后，浸入三氯化铁腐蚀液中腐蚀→用清水清洗→干燥铜板→钻孔→用砂纸磨掉焊盘上残余油漆以及铜箔保护膜→涂助焊剂。

本课题采用漆图法制作的简易直流稳压电源单面 PCB 如图 6-15 所示。

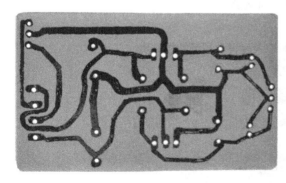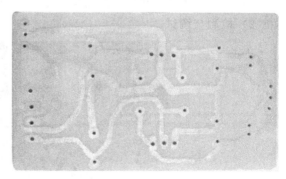

图 6-15　用漆图法制作的简易直流稳压电源单面 PCB

④ 贴图法。操作步骤：电路原理图→用尖刀从某种贴有薄膜图形的塑料软片上将图形刻下来→粘贴到覆铜板上→用各种宽度的透明胶制成导线连接焊盘→浸入三氯化铁腐蚀液中腐蚀→用清水清洗→干燥铜板→钻孔→用砂纸磨掉焊盘上残余薄膜以及铜箔保护膜→涂助焊剂。

贴有薄膜图形的塑料软片近年来已上市销售，这种具有抗腐蚀能力的薄膜厚度只有几微米，图形种类有几十种，都是 PCB 上常见的图形，有各种焊盘、接插件、集成电路引线和各种符号等。

⑤ 感光法。操作步骤：用 Protel 99SE 等软件设计出 PCB 原稿图→用激光打印机打印出对应（1∶1）的菲林图片→裁板→曝光（用曝光机将打印好的透明菲林图片与贴有感光蓝膜的感光电路板对齐，进行曝光)→显影（将曝光的有蓝膜的电路板放入显影液中，直到电路轮廓完全显示出来)→浸入三氯化铁腐蚀液中腐蚀→用清水清洗→干燥铜板→钻孔→用砂纸磨掉焊盘上残余蓝膜以及铜箔保护膜→涂助焊剂。

（2）热转印法制作

热转印法利用激光打印机先将图形打印到热转印纸上，再通过热转印机将图形转印到覆铜板上，最后经腐蚀液腐蚀后就可获得所需 PCB 图形，其基本操作步骤如下：用 Protel 99SE 等软件设计出 PCB 板→用激光打印机打印在热转印纸上→裁板，用砂纸磨掉保护膜并打磨整平→转印（将热转印纸上有图形的一面覆盖在覆铜板上，用热转印机进行转印)→浸入三氯化铁腐蚀液中腐蚀→用清水清洗→干燥铜板→钻孔→用砂纸磨掉焊盘上残余墨粉→涂助焊剂。

6.1.4 装接与调试

1）电装工艺

本课题中简易直流稳压电源单面 PCB 电装操作如下。

① 二极管采用轴向安装（卧式安装），注意其正负极不要接错，并紧贴 PCB。

② 电容采取径向安装（直立式安装），底面离 PCB 距离不大于 4mm。

③ 集成稳压块 LM7812、LM7912 须悬空安装，应与 PCB 保持 3～8mm 距离，要注意它们的引脚不要接错；给它们安装散热片时注意涂硅胶，拧紧螺钉。

④ 焊点光亮、焊料适量；无虚焊、漏焊；无搭接、溅焊；无铜箔脱落；剪角留头在焊面以上 0.5～1mm。

⑤ 装配整齐；连接变压器与接插件的导线剥头长度适当；导线绝缘层无烫伤；电源线接头不外露；紧固件装配牢固。

图 6-16 是某学生装接的简易直流稳压电源单面电路板。

2）检测与调试

图 6-16　装接的简易直流稳压电源单面电路板

　① 按照装配图检查元器件安装是否正确。

　② 通电前要特别注意电源部分是否正确，交流 220V 接线是否安全。

　③ 调试时先分级调试，再联级调试，最后进行整机调试与性能指标的测试。通电前用万用表测试是否有断路和短路情况，共地点是否可靠共地，二极管、电容、稳压块在焊接过程中是否有损坏等；排除问题后通电，观察各元件的发热情况是否正常，如遇元件发热过快、冒烟、打火花等异常情况，应立即断电检查，排除故障。用万用表测试稳压块各管脚的电压值是否正常。

　④ 用万用表粗略测试输出电压是否达标。

任务 6.2　便携式喊话器的制作

6.2.1　任务书

　1）题目

　设计并制作一个便携式喊话器

　2）参数要求

　① 用 +12V 直流电供电。

　② 要求能放大人所发出的声音，并且失真度小。

　③ 自制单层电路板，印制板尺寸 80mm×60mm，焊盘尺寸要满足电气要求。

　④ 电路板按照正确的电子工艺要求安装元器件并焊接调试。

　3）实训报告书内容要求

　① 报告书中应具有课题名称、目录、引言、正文、参考文献以及心得体会等，并附有标准评论页、标准封面和任务书。

　② 正文中包含原理图电路及工作原理、元器件安装图及印制板图、元器件明细表、调试方法及结果。

　③ 引言中要说明设计与制作的目的、意义；正文中要对设计出的满足要求的参考电路进行工作原理的分析说明，要对电子作品的制作过程进行详细说明，包含电路板制作、焊接等，要对安装及调试过程中的有关问题进行说明，包括调试电路达到技术指标说明。

　④ 报告书应不少于 3000 字。

　⑤ 完成时间：20 学时。

6.2.2　设计过程

　1）任务分析

　该任务是设计并制作一个便携式喊话器，其实质是放大电路、滤波电路和功放电路以及负反馈等模拟电子技术的综合应用。市面上有各种的便携式喊话器，有用贴片元件制作的，有用集成器件制作的，也有用分立器件制作的，该任务中没有严格指明用什么类型器件来制作。如果用贴片元件来制作，对初次进行 PCB 设计的设计者来说，制作 PCB 有一定难度，制作效果难以保证；如果采用集成器件来制作，制作成本偏高。所以，本任务中采用分立元件来制作，如晶体三极管，其最重要的应用就是组成各种放大器，把微弱的电信号进行放大。便携式喊话器就是把话筒送出来的微弱电信号经过电压放大和功率放大，最后驱动喇叭发出较大的声音。

2）总体方案的设计

便携式喊话器是由放大电路、滤波电路、功放电路以及负反馈电路等组成，其总体方案如图 6-17 所示。

图 6-17　便携式喊话器总体方案图

3）电路设计

（1）单元电路设计

① 声音信号的输入装置　在喊话器电路中，采用小型驻极体话筒进行声音输入，电阻器 R1 为驻极体话筒提供了一个工作电压，把声信号变为电信号。为便于调节喊话器的声音大小，加入可调的音量电位器，当然，它们之间加入耦合电容 C2，进行信号耦合。其声音输入电路如图 6-18 所示。

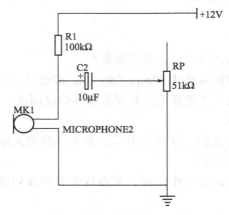

图 6-18　声音输入电路

② 共射放大电路　输入的电信号非常微弱，要进行多级放大电路，它们之间的耦合方式仍然采用阻容耦合。这里采用两级共射放大电路，是为了不致因第二个三极管的集电极电流过大以损坏管子，第一个为 NPN 型、第二个为 PNP 型管子。多级共射放大电路如图6-19所示。

③ 功放电路　为保证信号输出足够大的功率以驱动负载，引入一个功放电路。当然这里不用变压器耦合功率放大电路，因为体积大、质量重，而采用了直接耦合的 OTL 功率放大电路（无输出变压器功率放大器），克服了使用变压器所带来的一些弊病，改善了放大器的音质。具体电路如图 6-20 所示。

电路中三极管 VT3 和 VT4 是一对推挽管，由于工作电流较大，所以要求它们的集电极最大允许电流不小于 1A，集电极最大允许耗散功率不小于 1W，这样放大器的输出功率可达 1.5W 左右。C6 是输出隔直流电容，也为三极管 VT4 的工作提供了一个工作电源。

④ 负反馈电路　为了有效改善 VT1 组成的共射放大电路的静态工作点，有效改善放大电路的各种性能。在 VT1 基极与集电极之间加入一个阻值为 750kΩ 的电阻 R3，三极管 VT1 与电阻 R3、R4 组成了一个典型的电压并联负反馈电路，如图 6-19 所示；推动级三极

管 VT2 与推挽功放管 VT3、VT4 是直接耦合的，如图 6-21 所示；电阻 R5、R6 为三极管 VT2 提供了一个稳定的工作点；电容 C5 是 VT2 发射极旁路电容，为交流信号提供了通路，使交流信号不受反馈的影响；电阻器 R6 接在输出中点电压上，由于 VT2 与推挽功放管 VT3、VT4 是直接耦合的，电阻器 R6 起着深度的负反馈作用，使电路能够稳定的工作。同时电阻 R7 为 VT2 发射极反馈电阻，进一步保证了电路静态工作点的稳定。电阻 R8、R9 与二极管 VD 是三极管 VT2 的集电极负载。如果调节 R8 的大小，还可以改变推挽功放管 VT3、VT4 的静态工作电流；二极管 VD 有一定的温度补偿作用，保证电路的工作稳定。

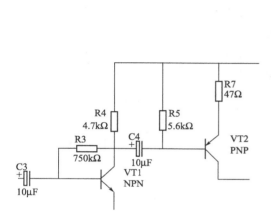

图 6-19　多级共射放大电路

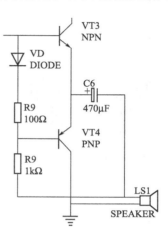

图 6-20　OTL 功率放大电路

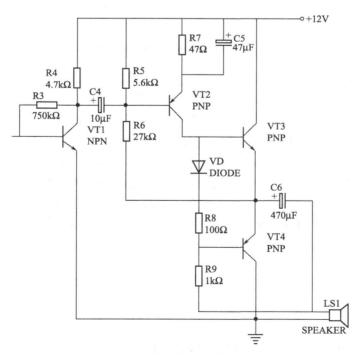

图 6-21　具有负反馈电路的放大电路和功放电路

⑤ 滤波电路　如图 6-22 所示，为防止电源的取出与接入瞬间对电路的影响，需要加入

电源滤波电容 C7。电路中电容 C2、C3、C4 为音频耦合电容；电容 C8 是为滤除杂波防止啸叫而设置的；电阻 R2 和电容 C1 为滤波退耦电路。

（2）总电路图的设计

根据设计的各单元电路综合而成的总电路图如图 6-22 所示。

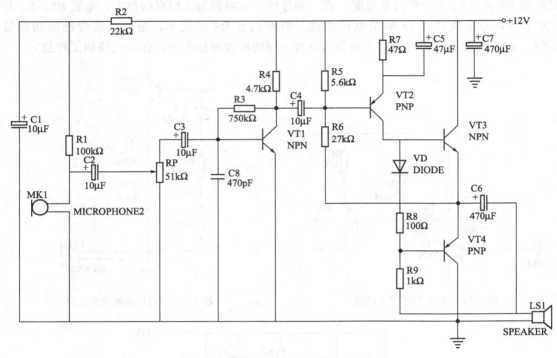

图 6-22　便携式喊话器的滤波电路

（3）工作原理

在便携式喊话器电路中，MK1 是小型驻极体话筒，电阻 R1 为驻极体话筒提供了一个工作电压，把声音信号转变成变化的电信号。电信号经音频耦合电容 C2 到达音量电位器 RP，进行分压调节电信号，分出的电信号经音频耦合电容 C3 达到由 VT1 组成的共射放大电路进行放大，集电极输出的电信号又经音频耦合电容 C4 到达由 VT2 组成的共射放大电路，经 VT2 放大后的信号从集电极输出直接耦合到 OTL 功放电路。其中电阻 R9 没有直接接到电源的负极上，而是通过扬声器才接到电源的负极上，具有一定的自举作用，使三极管 VT3 工作时能得到足够的驱动电流，其输出功率能驱动扬声器 LS1 发出声音。

（4）元器件清单

根据便携式喊话器电路原理图，列出其元器件清单如表 6-2 所示。

6.2.3　制作过程

1）PCB 设计

根据 PCB 设计相关原则和布线规则，特别注意音量电位器要放在便于调节的位置，描出 PCB 草图，或利用 Protel 99SE 等 EDA 软件绘制出便携式喊话器单面 PCB 图，如图 6-23 所示用软件绘制的便携式喊话器单面 PCB 设计图。

表 6-2　便携式喊话器的元器件清单

序号	元件类型	标号	元件封装	型号参数	数量	备　注
1	1kΩ	R9	AXIAL0.3	1K 1/8W	1 支	金属膜电阻
2	4.7kΩ	R4	AXIAL0.3	4.7K 1/8W	1 支	金属膜电阻
3	5.6kΩ	R5	AXIAL0.3	5.6K 1/8W	1 支	金属膜电阻
4	10μF	C1～C4	RB.1/.2	10μF/25V	1 支	电解电容
5	22kΩ	R2	AXIAL0.3	22K 1/8W	1 支	金属膜电阻
6	27kΩ	R6	AXIAL0.3	27K 1/8W	1 支	金属膜电阻
7	47Ω	R7	AXIAL0.3	47Ω 1/8W	1 支	金属膜电阻
8	47μF	C5	RB.1/.2	47μF/25V	1 支	电解电容
9	51kΩ	RP	VR5	WL 51K	1 支	音量电位器
10	100Ω	R8	AXIAL0.3	100Ω 1/8W	1 支	金属膜电阻
11	100kΩ	R1	AXIAL0.3	100K 1/8W	1 支	金属膜电阻
12	470pF	C8	RAD0.1	470	1 支	涤纶电容
13	470μF	C6、C7	RB.2/.4	470μF/16V	4 支	电解电容
14	750kΩ	R3	AXIAL0.3	1K 1/8W	1 支	金属膜电阻
15	DIODE	VD	DIODE0.4	1N4148	1 支	硅二极管
16	MICROPHONE2	MK1	HDR1×2	小型驻极体	1 个	话筒
17	NPN	VT1、VT3	TO-92B	8085	2 支	NPN 型三极管
18	PNP	VT2、VT4	TO-92B	8550	2 支	PNP 型三极管
19	SPEAKER	LS1	HDR1×2	8Ω 2W	1 个	扬声器
20	电池夹		HDR1×2		1 个	12V 电池夹

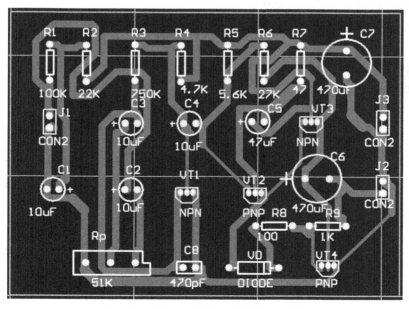

图 6-23　便携式喊话器单面 PCB 设计图

2）PCB 制作

先裁覆铜板，大小为 80mm×60mm，利用漆图法（或刻胶法）制作出单面 PCB，下图是用漆图法制作的便携式喊话器单面 PCB，如图 6-24 所示。

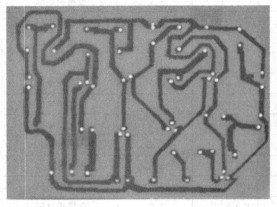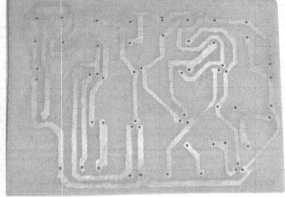

图 6-24　便携式喊话器单面 PCB 制作图

6.2.4　装接与调试

1）电装工艺

① 电阻 R1～R9、二极管 VD 采用轴向安装（卧式安装）方式，并紧贴印制板。

② 电容 C1～C8 采用径向安装（立式安装）方式，底面离印制板距离不大于 4mm。

③ 三极管 VT1～VT4 采用径向安装（立式安装）方式，底面离印制板距离为 6mm±2mm。

④ 音量电位器 RP 采用径向安装（立式安装）方式，注意焊牢焊紧，不要有松动现象，必要时可以直接先在焊接面把个别引脚弯折一下。

⑤ 所有插入焊盘孔的元器件引脚及导线均采用直角焊，剪角留头在焊面上 0.5～1mm。

⑥ 其余均按照常规工艺要求操作。

下图 6-25 是装接的便携式喊话器。

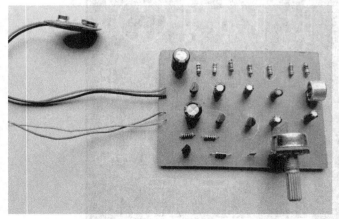

图 6-25　装接的便携式喊话器

2）检测与调试

① 按照装配图检查元器件安装是否正确。

② 通电前要特别检查是否有短路现象。

③ 检查无误后通电，人对着驻极体话筒喊话或用手机播放音乐，听扬声器是否有不失真的声音发出。

技能练习

1. 任务书

1) 题目

设计并制作一个简易声光控路灯电路。

2) 参数要求

① 用+12V 直流电供电。

② 要求在光线较暗的环境下，只要一有声音，灯泡就立即发光，但稍过一会儿自动熄灭；在光线较明亮的环境下，无论多大声音，灯都不会亮。

③ 自制单层电路板，印制板尺寸 60mm×40mm，焊盘尺寸要满足电气要求。

④ 电路板按照正确的电子工艺要求安装元器件并进行焊接调试。

3) 写出一份规范的简易声光控路灯电路板制作的实训报告书

2. 任务书

1) 题目

安装 ZX2028FM 收音机。

2) 准备工作

① 工具、检测仪表：万用表、信号发生器、示波器等，电烙铁（20W）（每人一把），装接工具一套。

② 制作并填写元器件明细表 6-3。

表 6-3　元器件明细表

元器件名称	参数值	数量	元器件名称	参数值	数量	元器件名称	参数值	数量

3) 元器件检测记录

填写表 6-4。

表 6-4　元器件检测记录表

元件名称　　项目	电阻（R）	电容（C）	三极管	发光二极管
检测要求	判断好坏	判断好坏	测正、反向电阻 E、B、C	测正、反向电阻
实测结果			$R_{be}=$ $R_{eb}=$ $R_{cb}=$ $R_{bc}=$ $R_{ce}=$	

4）安装要求

如表 6-5（分值 100 分）所示。

表 6-5　安装要求表

产品代号			整机名称	收音机	
项目	工艺步骤	工艺要求	说明		评分标准
准备工作	元器件识别与检测	识别、检测和筛选			5
	元器件引脚加工	按工艺要求刮去引脚氧化层、浸润焊锡和成形	折弯处离元器件根不少于 1.5mm，折弯处的半径应大于两倍引脚直径		10
	导线加工要求	一般情况下剥去 3mm 绝缘层。浸润焊锡时间一般是 2～5s			5
	印制线路检查	在印刷线路板上，用细砂纸将铜箔打光后，涂上一层松香酒精溶液，焊盘上涂上助焊接，用烙铁处理一遍	以免焊盘镀锡不良或被氧化，造成不好焊		15
安装	插装	可将线路板分隔成了几块，然后再在每一块中将需要的元器件插装好，坚持"四先四后"的原则	二极管、三极管、电解电容器的极性，不要装错		15
	焊接	所有元器件都插上后，剪去多余的引脚，只留至离铜箔 2～3mm 长开始焊接（也可先焊后剪），焊点应圆滑光亮、无堆积、无毛刺、无虚焊	焊接时电烙铁的温度略高于焊锡的温度，每焊一点应在 3s 左右完成		20
调试	调试	静态工作点调试			10
	整机安装、清洗和检验	连线、固定其他部件，要求无多余物，所有焊点均合格，整机绝缘性能测试合格			10
整机加固		喷涂清漆，元器件环氧树脂粘固			10

注：调试和测试时的频段应与 AM（FM）信号源的频段相符，若无相应信号源频段，则采用手动设置发射机频率进行接收。信号源的频率应符合收音机中波段要求，示波器带宽为 0～100MHz（收音机若有 FM 段，上述仪器应相应符合要求）。

5）测试记录

（1）工作点测试记录表（表 6-6）

表 6-6　工作点测试记录表

晶体管	e 极电流/A	e 极电压/V	b 极电压/V	c 极电压/V
VT1				
VT2				

（2）测量功率块 IC2 各脚的工作电压（表 6-7）

表 6-7　IC2 各脚的工作电压

引脚号	1	2	3	5	6	7	8
电压值/V							

参 考 文 献

[1]　宁铎，孟彦京等 . 电子工艺实训教程 [M]. 西安：西安电子科技大学出版社，2006.

[2]　电子行业职业技能鉴定指导中心 . 电子设备装接技术 [M]. 北京：人民邮电出版社，2009.

[3]　北京航天光华电子技术有限公司 . 航天电子产品装接工培训教材 [M]. 北京：中国宇航出版社，2009.

[4]　陈强，胡逸凡等 . 电子产品设计与制作 [M]. 北京：电子工业出版社，2010.

[5]　伍季松，李皓瑜 . 电子实训与产品制作 [M]. 北京：北京理工大学出版社，2009.

[6]　龙绪明 . 电子 SMT 制作技术与技能 [M]. 北京：电子工业出版社，2012.

[7]　任枫轩 . 电子工艺实训 [M]. 北京：机械工业出版社，2010.

[8]　余红娟，杨承毅 . 电子技术基本技能 [M]. 北京：人民邮电出版社，2009.

参 考 文 献